최신 수학과 교육과정의 핵심역량 반영

완전타파 과정 중심
서술형 문제

김진호 · 홍선주 지음

3학년 1학기

교육과학사

이 책에 대하여

서술형 문제! 왜 필요한가?

과거에는 수학에서도 계산 방법을 외워 숫자를 계산 방법에 대입하여 답을 구하는 지식 암기 위주의 학습이 많았습니다. 그러나 국제 학업 성취도 평가인 PISA와 TIMSS의 평가 경향이 바뀌고 싱가폴을 비롯한 선진국의 교과교육과정과 우리나라 학교 교육과정이 개정되며 암기 위주에서 벗어나 창의성을 강조하는 방향으로 변경되고 있습니다. 평가 방법에서는 기존의 선다형 문제, 주관식 문제에서 벗어나 서술형 문제가 도입되었으며 갈수록 그 비중이 커지는 추세입니다. 자신이 단순히 알고 있는 것을 확인하는 것에서 벗어나 아는 것을 논리적으로 정리하고 표현하는 과정과 의사소통능력을 중요시하게 되었습니다. 즉, 앞으로는 중요한 창의적 문제 해결 능력과 개념을 논리적으로 설명하는 능력을 길러주기 위한 학습과 그에 대한 평가가 필요합니다.

이 책의 특징은 다음과 같습니다.

계산을 아무리 잘하고 정답을 잘 찾아내더라도 서술형 평가에서 요구하는 풀이과정과 수학적 논리성을 갖춘 문장구성능력이 미비할 경우에는 높은 점수를 기대하기 어렵습니다. 또한 문항을 우연히 맞추거나 개념이 정립되지 않고 애매하게 알고 있는 상태에서 운 좋게 맞추는 경우, 같은 내용이 다른 유형으로 출제되거나 서술형으로 출제되면 틀릴 가능성이 더 높습니다. 이것은 수학적 원리를 이해하지 못한 채 문제 풀이 방법만 외웠기 때문입니다. 이 책은 단지 문장을 서술하는 방법과 내용을 외우는 것이 아니라 문제를 해결하는 과정을 읽고 쓰며 논리적인 사고력을 기르도록 합니다. 즉, 이 책은 수학적 문제 해결 과정을 중심으로 서술형 문제를 연습하며 기본적인 수학적 개념을 바탕으로 사고력을 길러주기 위하여 만들게 되었습니다.

이 책의 구성은 이렇습니다.

이 책은 각 단원별로 중요한 개념을 바탕으로 크게 '기본 개념', '오류 유형', '연결성' 영역으로 구성되어 있으며 필요에 따라 각 영역이 가감되어 있고 마지막으로 '창의성' 영역이 포함되어 있습니다. 각각의 영역은 '개념쏙쏙', '첫걸음 가볍게!', '한 걸음 두 걸음!', '도전! 서술형!', '실전! 서술형!'의 다섯 부분으로 구성되어 있습니다. '개념쏙쏙'에서는 중요한 수학 개념 중에서 음영으로 된 부분을 따라 쓰며 중요한 것을 익히거나 빈칸으로 되어 있는 부분을 채워가며 개념을 익힐 수 있습니다. '첫걸음 가볍게!'에서는 앞에서 익힌 것을 빈칸으로 두어 학생 스스로 개념을 써보는 연습을 하고, 뒷부분으로 갈수록 빈칸이 많아져 문제를 해결하는 과정을 전체적으로 서술해보도록 합니다. '창의성' 영역은 단원에서 익힌 개념을 확장해보며 심화적 사고를 유도합니다. '나의 실력은' 영역은 단원 평가로 각 단원에서 학습한 개념을 서술형 문제로 해결해보도록 합니다.

이 책의 활용 방법은 다음과 같습니다.

이 책에 제시된 서술형 문제를 '개념쏙쏙', '첫걸음 가볍게!', '한 걸음 두 걸음!', '도전! 서술형!', '실전! 서술형!'의 단계별로 차근차근 따라가다 보면 각 단원에서 중요하게 여기는 개념을 중심으로 문제를 해결할 수 있습니다. 이 때 문제에서 중요한 해결 과정을 서술하는 방법을 익히도록 합니다. 각 단계별로 진행하며 앞에서 학습한 내용을 스스로 서술해보는 연습을 통해 문제 해결 과정을 익힙니다. 마지막으로 '나의 실력은' 영역을 해결해 보며 앞에서 학습한 내용을 점검해 보도록 합니다.

또다른 방법은 '나의 실력은' 영역을 먼저 해결해 보며 학생 자신이 서술할 수 있는 내용과 서술이 부족한 부분을 확인합니다. 그 다음에 자신이 부족한 부분을 위주로 공부를 시작하며 문제를 해결하기 위한 서술을 연습해보도록 합니다. 그리고 남은 부분을 해결하며 단원 전체를 학습하고 다시 한 번 '나의 실력은' 영역을 해결해 봅니다.

문제에 대한 채점은 이렇게 합니다.

서술형 문제를 해결한 뒤 채점할 때에는 채점 기준과 부분별 배점이 중요합니다. 문제 해결 과정을 바라보는 관점에 따라 문제의 채점 기준은 약간의 차이가 있을 수 있고 문항별로 만점이나 부분 점수, 감점을 받을 수 있으나 이 책의 서술형 문제에서 제시하는 핵심 내용을 포함한다면 좋은 점수를 얻을 수 있을 것입니다. 이에 이 책에서는 문항별 채점 기준을 따로 제시하지 않고 핵심 내용을 중심으로 문제 해결 과정을 서술한 모범 예시 답안을 작성하여 놓았습니다. 또한 채점을 할 때에 학부모님께서는 문제의 정답에만 집착하지 마시고 학생과 함께 문제에 대한 내용을 묻고 답해보며 학생이 이해한 내용에 대해 어떤 방법으로 서술했는지를 같이 확인해 보며 부족한 부분을 보완해 나간다면 더욱 좋을 것입니다.

이 책을 해결하며 문제에 나와 있는 숫자들의 단순 계산보다는 이해를 바탕으로 문제의 해결 과정을 서술하는 의사소통능력을 키워 일반 학교에서의 서술형 문제에 대한 자신감을 키워나갈 수 있으면 좋겠습니다.

저자 일동

차례

1. 덧셈과 뺄셈

1. 덧셈과 뺄셈 (기본개념 1)

개념 쏙쏙!

미술시간에 만들기를 하면서 찰흙은 475g, 지점토는 386g을 사용하였습니다. 만들기 작품의 무게는 모두 몇 g인지 구하고, 그 방법을 설명하시오.

1 식으로 나타내어 봅시다.

475 + 386

2 위 1번에서 세운 식을 수모형으로 알아봅시다.

① 일 모형은 5+6이므로 11개입니다.

② 일 모형 10개는 십 모형 1개로 바꿔줍니다.

③ 십 모형은 [7] + [8] +1이므로 [16] 개입니다.

④ 십 모형 10개는 백 모형 1개로 바꿔줍니다.

⑤ 백 모형은 [4] + [3] +1이므로 [8] 개입니다.

⑥ 백 모형 [8] 개, 십 모형 [6] 개, 일 모형 [1] 개로, 합은 [861] 입니다.

3 위에서 수모형으로 센 방법을 두 가지의 세로 덧셈식으로 나타내어 봅시다.

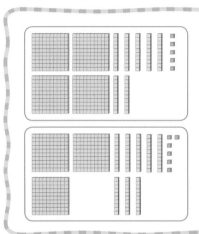

```
        4 7 5
      + 3 8 6
```

1) 일의 자리 5+6   →   [1 1]
2) 십의 자리 70+80 →   [1 5 0]
3) 백의 자리 400+300 →   [7 0 0]
                         8 6 1

```
    [1] [1]
      4 7 5
    + 3 8 6
    [8] [6] [1]
```

4 작품의 무게는 [861] g입니다.

정리해 볼까요?

475+386의 계산방법을 설명하기

① 같은 자리끼리 더합니다.

② 일 모형은 11개입니다.

③ 일 모형 10개는 십 모형 1개로 바꿔줍니다.

④ 십 모형은 [7] + [8] +1이므로 [16] 개입니다.

⑤ 십 모형 10개는 백 모형 1개로 바꿔줍니다.

⑥ 백 모형은 [4] + [3] +1이므로 [8] 개입니다.

⑦ 백 [8] 개, 십 [6] 개, 일 [1] 개로, 합은 [861] 입니다.

첫걸음 가볍게!

✏️ 수연이는 줄넘기를 1회에 352번, 2회에 269번 하였습니다. 수연이는 줄넘기를 모두 몇 번 했는지 구하고, 그 방법을 설명하시오.

1 식으로 나타내어 봅시다.

2 위 **1**번에서 세운 식을 수모형으로 알아봅시다.

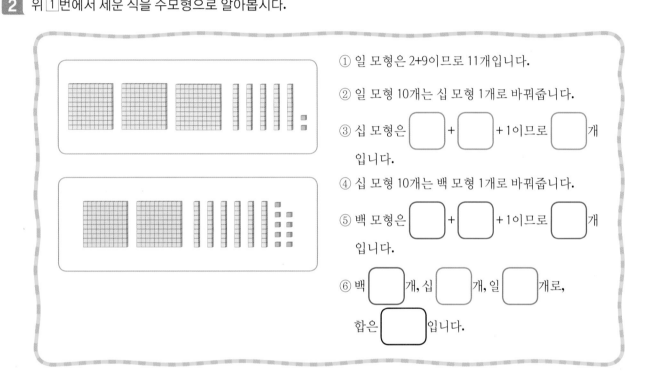

① 일 모형은 2+9이므로 11개입니다.

② 일 모형 10개는 십 모형 1개로 바꿔줍니다.

③ 십 모형은 ☐ + ☐ +1이므로 ☐ 개입니다.

④ 십 모형 10개는 백 모형 1개로 바꿔줍니다.

⑤ 백 모형은 ☐ + ☐ +1이므로 ☐ 개입니다.

⑥ 백 ☐ 개, 십 ☐ 개, 일 ☐ 개로, 합은 ☐ 입니다.

3 위에서 수모형으로 센 방법을 두 가지의 세로 덧셈식으로 나타내어 봅시다.

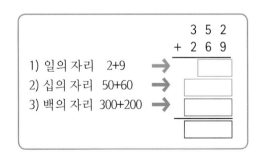

1) 일의 자리 2+9 ➡
2) 십의 자리 50+60 ➡
3) 백의 자리 300+200 ➡

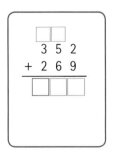

4 수연이가 줄넘기한 횟수는 모두 ☐ 번 입니다.

한 걸음 두 걸음!

✏️ 다은이네 3학년에는 여학생이 295명, 남학생이 376명이 있습니다. 다은이네 학교 3학년 학생은 모두 몇 명인지 구하고, 그 방법을 설명하시오.

1 식으로 나타내어 봅시다.

2 위 **1**번에서 세운 식을 수모형으로 알아봅시다.

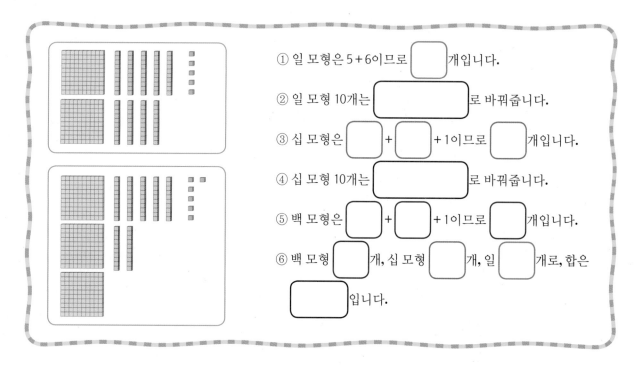

① 일 모형은 5+6이므로 ⬜ 개입니다.

② 일 모형 10개는 ⬜ 로 바꿔줍니다.

③ 십 모형은 ⬜ + ⬜ +1이므로 ⬜ 개입니다.

④ 십 모형 10개는 ⬜ 로 바꿔줍니다.

⑤ 백 모형은 ⬜ + ⬜ +1이므로 ⬜ 개입니다.

⑥ 백 모형 ⬜ 개, 십 모형 ⬜ 개, 일 ⬜ 개로, 합은 ⬜ 입니다.

3 위에서 수모형으로 센 방법을 두 가지의 덧셈식으로 나타내어 봅시다.

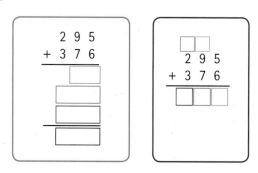

4 3학년 학생은 모두 ⬜ 명 입니다.

도전! 서술형!

✏️ 467+359를 구하고, 그 방법을 설명하시오.

1 수모형으로 알아봅시다.

간단하게 백 모형은 백 십 모형은 십, 일 모형은 일로 표현하게 됩니다.

2 위에서 수모형으로 센 방법을 두 가지의 세로 덧셈식으로 나타내어 봅시다.

3 467+359는 모두 [   ] 입니다.

실전! 서술형!

378 + 546을 구하고, 그 방법을 설명하시오.

'개념쏙쏙'과 '첫걸음 가볍게'의 내용을
참고하여 하나의 방법을 선택하고
차근차근 설명해 봅시다.

I. 덧셈과 뺄셈 (기본개념 2)

개념 쏙쏙!

✏️ 가르기를 이용하여 더하고, 그 방법을 설명하시오.

$$473 + 649$$

1 두 수 중 649를 가르기 하여 알아봅시다.

1) 473이 500이 되려면 얼마가 더 필요합니까? 27

2) 649는 27 과 622 로 가르기를 할 수 있습니다.

3) 가르기 한 방법으로 덧셈하여 봅시다.

650처럼
몇십을 만들어서
계산해도 됩니다.

```
    473 + 649         473 + 649
     27   622       = 473 + 27 + 622
     500            = 500 + 622
         1122       = 1122
```

2 두 수 중 473을 가르기 하여 알아봅시다.

1) 649이 700이 되려면 얼마가 더 필요합니까? 51

2) 473은 422 와 51 로 가르기를 할 수 있습니다.

3) 가르기 한 방법으로 덧셈하여 봅시다.

480처럼
몇십을 만들어서
계산해도 됩니다.

```
    473 + 649         473 + 649
   422   51        = 422 + 51 + 649
       700         = 422 + 700
   1122            = 1122
```

정리해 볼까요?

가르기를 이용하여 더하고, 그 방법을 설명하기

① 473은 500이 되려면 27이 필요하므로 649를 27 과 622 로 가릅니다.

473 + 649는 500 + 622로 바꾸어 계산하면 1122입니다.

② 649는 700이 되려면 51이 필요하므로 473을 51 과 422 로 가릅니다.

473 + 649는 422+700으로 바꾸어 계산하면 1122입니다.

첫걸음 가볍게!

✏️ 가르기를 이용하여 더하고, 그 방법을 설명하시오.

$$567 + 258$$

1 두 수 중 258을 가르기 하여 알아봅시다.

1) 567이 600이 되려면 얼마가 더 필요합니까? ☐

2) 258은 ☐ 과 ☐ 로 가를 수 있습니다.

3) 가르기 한 방법으로 덧셈하여 봅시다.

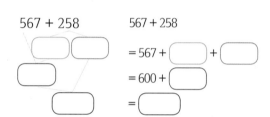

$567 + 258$

= 567 + ☐ + ☐

= 600 + ☐

= ☐

2 두 수 중 567을 가르기 하여 알아봅시다.

1) 258이 300이 되려면 얼마가 더 필요합니까? ☐

2) 567은 ☐ 와 ☐ 로 가를 수 있습니다.

3) 가르기 한 방법으로 덧셈하여 봅시다.

같은 자릿수끼리 더해도 됩니다.

$567 + 258$

= ☐ + ☐ + 258

= ☐ + 300

= ☐

3 567 + 258을 가르기를 이용하여 더하고, 그 방법을 설명하시오.

① 567은 600이 되려면 ☐ 이 필요하므로 258을 ☐ 과 ☐ 로 가릅니다.

567 + 258은 600 + ☐ 로 바꾸어 계산하면 ☐ 입니다.

② 258은 300이 되려면 ☐ 이 필요하므로 567을 ☐ 과 ☐ 로 가릅니다.

567 + 258은 ☐ + 300으로 바꾸어 계산하면 ☐ 입니다.

한 걸음 두 걸음!

🖊 가르기를 이용하여 더하고, 그 방법을 설명하시오.

$$674 + 287$$

1 두 수 중 287을 가르기 하여 알아봅시다.

1) 674가 700이 되려면 얼마가 더 필요합니까? ☐

674 + 6 − 6 + 287
= 680 + 281
처럼 할 수도 있어요.

2) 287은 ☐ 과 ☐ 로 가를 수 있습니다.

3) 가르기 한 방법으로 덧셈하여 봅시다.

674 + 287

674 + 287

=

=

2 두 수 중 674를 가르기 하여 알아봅시다.

1) 287이 300이 되려면 얼마가 더 필요합니까? ☐

2) 674는 ☐ 와 ☐ 로 가를 수 있습니다.

3) 가르기 한 방법으로 덧셈하여 봅시다.

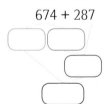

674 + 287

674 + 287

=

=

3 674 + 285를 가르기를 이용하여 더하고, 그 방법을 설명하시오.

① 674는 700이 되려면 _____

_____

② 287은 300이 되려면 _____

_____

도전! 서술형!

✏️ 가르기를 이용하여 더하고, 그 방법을 설명하시오.

349 + 496

1 두 수 중 496을 가르기 하여 알아봅시다.

2 두 수 중 349를 가르기 하여 알아봅시다.

3 349 + 496을 가르기를 이용하여 더하고, 그 방법을 설명하시오.

실전! 서술형!

가르기를 이용하여 더하고, 그 방법을 설명하시오.

728 + 184

어떤 수를 가르기 할 것인지
정해봅시다.

1. 덧셈과 뺄셈 (오류유형)

개념 쏙쏙!

✏️ 종훈이가 다음과 같이 문제를 해결하였습니다. 잘못된 점과 바른 계산 과정을 설명하시오.

$$
\begin{array}{r}
3\ 1\ 2 \\
-\ 1\ 5\ 7 \\
\hline
2\ 4\ 5
\end{array}
$$

1 계산과정을 보며 잘못된 점을 설명해 봅시다.

> 314에서 157을 빼야 하는데, 십의 자리와 일의 자리를 계산하면서 각 자리에 있는 │ 두 수의 차로 구한 것 │ 이 잘못되었습니다. 큰 수 314에서 작은 수 157을 빼야 합니다.

2 차례대로 계산해 보며 잘못된 점을 설명해 봅시다.

$$
\begin{array}{r}
3\ 1\ 2 \\
-\ 1\ 5\ 7 \\
\hline
2\ 4\ 5
\end{array}
\quad \rightarrow \quad
\begin{array}{r}
\ \ \ \ 10 \\
2\ \ 0\ \ 10 \\
\cancel{3}\ \cancel{1}\ 2 \\
-\ 1\ 5\ 7 \\
\hline
1\ 5\ 5
\end{array}
$$

정리해 볼까요?

계산과정의 잘못된 점을 설명하기

① 십의 자리와 일의 자리를 계산하면서 각 자리에 있는 │ 두 수의 차로 구한 것 │ 이 잘못되었습니다.
  큰 수 314에서 작은 수 157을 뺍니다.

② 일의 자리는 십의 자리에서 1을 빌려와서 계산하면 12-7=5입니다.

③ 십의 자리는 백의 자리 1을 빌려와서 계산하면 10-5=5입니다.

④ 백의 자리는 2-1=1입니다.

⑤ 차는 155입니다.

첫걸음 가볍게!

민철이가 다음과 같이 문제를 해결하였습니다.
잘못된 점과 바른 계산 과정을 설명하시오.

```
    4 6 3
 -  2 9 8
 ─────────
    2 3 5
```

1 계산과정을 보며 잘못된 점을 설명해 봅시다.

[   ]에서 [   ]을 빼야 하는데, 십의 자리와 일의 자리를 계산하면서 각 자리에 있는

두 수의 차로 구한 것이 잘못되었습니다. 큰 수 [   ]에서 작은 수 [   ]을 빼야 합니다.

2 바르게 계산하여 봅시다.

```
    4 6 3
 -  2 9 8
 ─────────
    2 3 5
```
→ [   ]

3 계산과정의 잘못된 점과 바른 계산 과정을 설명해 봅시다.

① 십의 자리와 일의 자리를 계산하면서 각 자리에 있는 두 수의 차로 구한 것이 잘못되었습니다.

　　큰 수 [   ]에서 작은 수 [   ]을 뺍니다.

② 일의 자리는 십의 자리에서 1을 빌려와서 계산하면 [   ]입니다.

③ 십의 자리는 백의 자리 1을 빌려와서 계산하면 [   ]입니다.

④ 백의 자리는 [   ]입니다.

⑤ 차는 [   ]입니다.

한 걸음 두 걸음!

하영이가 다음과 같이 문제를 해결하였습니다.
잘못된 점과 바른 계산 과정을 설명하시오.

```
    5 9 4
  - 3 2 7
  ───────
    2 7 3
```

1 계산과정을 보며 잘못된 점을 설명해 봅시다.

594에서 327을 빼야 하는데, 일의 자리를 계산하면서 _____이

잘못되었습니다. _____합니다.

2 바르게 계산하여 봅시다.

```
    5 9 4
  - 3 2 7          →
  ───────
    2 7 3
```

3 계산과정의 잘못된 점과 바른 계산 과정을 설명해 봅시다.

① 일의 자리를 계산하면서 _____이

잘못되었습니다. 큰 수 [   ]에서 작은 수 [   ]을 뺍니다.

② 일의 자리는 _____입니다.

③ 십의 자리는 _____입니다.

④ 백의 자리는 _____입니다.

⑤ 차는 [   ]입니다.

도전! 서술형!

🖊 민준이가 다음과 같이 문제를 해결하였습니다.
잘못된 점과 바른 계산 과정을 설명하시오.

```
    5 4 7
  - 2 8 5
    3 4 2
```

1 계산과정을 보며 잘못된 점을 설명해 봅시다.

2 바르게 계산하여 봅시다.

3 계산과정의 잘못된 점과 바른 계산 과정을 설명해 봅시다.

①

②

③

④

⑤

실전! 서술형!

✏️ 희진이가 다음과 같이 문제를 해결하였습니다. 잘못된 점과 바른 계산 과정을 설명하시오.

```
    8 3 9
-   6 9 4
    2 6 5
```

빼는 수와 빼어지는 수를
바꾸면 안됩니다.

나의 실력은?

1 미술시간에 만들기를 하면서 찰흙은 387g, 지점토는 285g을 사용하였습니다. 만들기 작품의 무게는 모두 몇 g 인지 수모형으로 알아보고, 그 방법을 설명하시오.

(백 모형 ▨, 십 모형 ▮, 일 모형 ▫)

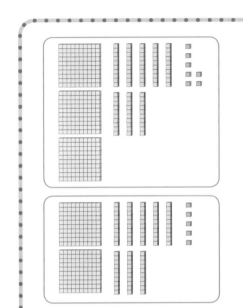

① 일 모형은 _____

② 일 모형 10개는 _____

③ 십 모형은 _____

④ 십 모형 10개는 _____

⑤ 백 모형은 _____

⑥ _____

_____

2 365 + 297을 구하고, 그 방법을 설명하시오.

3 가르기를 이용하여 더하려고 합니다. 456을 가르기 하여 더하고, 그 방법을 설명하시오.

$$278 + 456$$

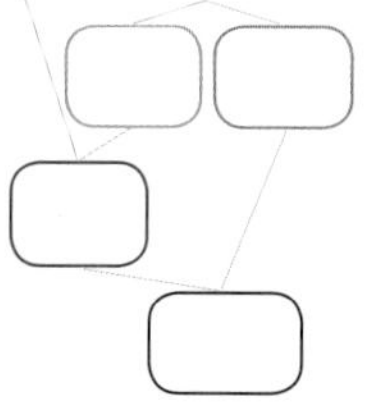

$$278 + 456$$

$$278 + 456$$
$$= 278 + \boxed{} + \boxed{}$$
$$= 300 + \boxed{}$$
$$= \boxed{}$$

278은 300이 되려면 $\boxed{}$ 가 필요하므로 456을 $\boxed{}$ 과 $\boxed{}$ 로 가릅니다.

_____

_____

4 규민이가 오른쪽과 같이 문제를 해결하였습니다.
잘못된 점과 바른 계산 과정을 설명하시오.

$$\begin{array}{r} 6\ 4\ 7 \\ -\ 2\ 8\ 9 \\ \hline 4\ 4\ 2 \end{array}$$

2. 평면도형과 평면도형의 이동

2. 평면도형 (기본개념 1)

✎ 아래 도형에서 정사각형을 찾고 그 이유를 설명하시오.

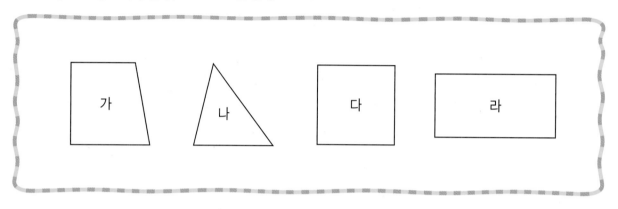

1 정사각형은 네 각이 모두 [직각] 이고, 네 변의 길이가 모두 같은 [사각형] 을 말합니다.

2 위 도형에서 네 변을 가지고 있는 도형은 어느 것입니까? [가, 다, 라]

3 네 각이 모두 직각인 도형은 어느 것입니까? [다, 라]

4 네 변의 길이가 모두 같은 도형은 어느 것입니까? [다]

5 네 각이 모두 직각이고, 네 변의 길이가 모두 같은 사각형은 어느 것입니까? [다]

정리해 볼까요?

주어진 도형에서 정사각형을 찾고 그 이유를 설명하기

· 정사각형은 다 도형입니다. 왜냐하면 다 도형은 네 각이 모두 직각이고, 네 변의 길이가 모두 같은 사각형 이기 때문입니다.

첫걸음 가볍게!

✏️ 주어진 도형에서 직사각형을 찾고 그 이유를 설명하시오.

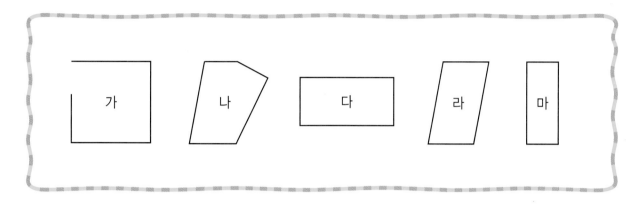

1 직사각형은 네 각이 모두 [ ] 인 사각형을 말합니다.

2 주어진 도형에서 네 변을 가지고 있는 도형은 [ ] 입니다.

3 네 변을 가진 도형 중 네 각이 모두 직각인 도형은 [ ] 입니다.

4 주어진 도형에서 직사각형을 찾고 그 이유를 설명하여 봅시다.

• 직사각형은 [ ] 입니다.

왜냐하면 [ ] 도형은 [ ] 이 모두 [ ] 인 사각형이기 때문입니다.

한 걸음 두 걸음!

✏️ 주어진 도형에서 정사각형을 찾고 그 이유를 설명하시오.

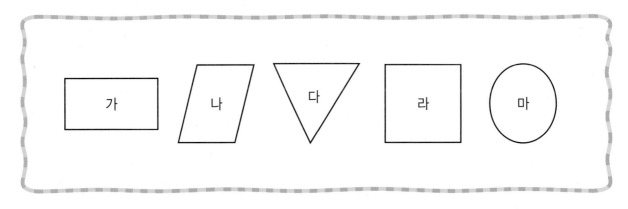

1 정사각형은 _____이고, _____ 사각형을 말합니다.

2 주어진 도형에서 네 변을 가지고 있는 도형은 [   ] 입니다.

3 네 각이 모두 직각인 도형은 [   ] 입니다.

4 네 각이 _____ 이고, 네 변의 _____도형은 [   ] 입니다.

5 네 각이 모두 직각이고, 네 변의 길이가 모두 같은 정사각형은 [   ] 입니다.

6 주어진 도형에서 정사각형을 찾고 그 이유를 설명하여 봅시다.

- 정사각형은 [   ] 입니다.

  왜냐하면 [   ] 도형은 _____

  _____이기 때문입니다.

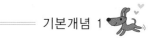

도전! 서술형!

✏️ 주어진 도형에서 정사각형을 찾고 그 이유를 설명하시오.

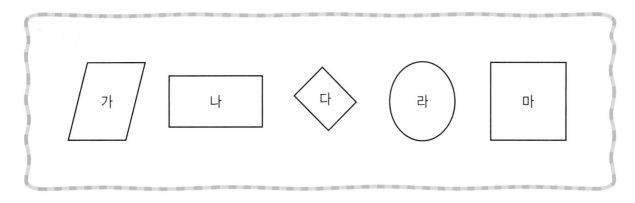

1 정사각형에 대해 설명해 보시오.

정사각형은 _____

2 주어진 도형에서 _____입니다.

3 네 각이 _____입니다.

4 네 변의 _____입니다.

5 네 각이 _____이고, 네 변의 _____은 _____입니다.

6 주어진 도형에서 정사각형을 찾고 그 이유를 설명하여 봅시다.

· 정사각형은 [　　　　] 입니다.

왜냐하면 _____

_____

실전! 서술형!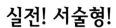

✏️ 주어진 도형을 보고 물음에 답하시오.

'개념 쏙쏙'과 '첫걸음 가볍게'의 내용을 참고해서 차근차근 설명해 봅시다.

1 주어진 도형에서 직사각형을 찾고 그 이유를 설명해 보시오.

2 주어진 도형에서 정사각형을 찾고 그 이유를 설명해 보시오.

2. 평면도형 (기본개념 2)

개념 쏙쏙!

✏️ 주어진 도형에서 직각삼각형을 찾고 그 이유를 설명하시오.

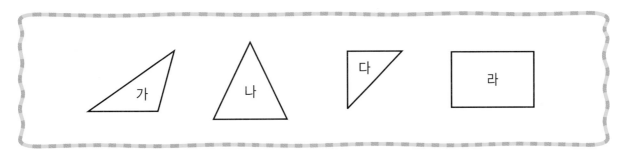

1 왼쪽 삼각형은 직각삼각형입니다. 직각삼각형의 특징을 살펴봅시다.

① 직각삼각형에는 꼭짓점이 [3]개 있습니다.

② 직각삼각형에는 변이 [3]개 있습니다.

③ 직각삼각형에는 직각이 [1]개 있습니다.

2 주어진 도형의 특징을 표로 정리하여 봅시다.

	가 도형	나 도형	다 도형	라 도형
꼭짓점의 수	3	3	3	4
변의 수	3	3	3	4
직각의 수	0	0	1	4

3 직각삼각형인 도형은 [다]입니다.

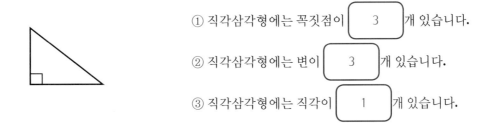

정리해 볼까요?

직각삼각형을 찾고 그 이유를 설명하기

· 한 각이 직각인 삼각형을 직각삼각형이라고 합니다.
· 가 도형, 나 도형, 다 도형은 삼각형입니다. 그 중 다 도형에는 직각이 1개 있습니다. 직각삼각형은 다 도형입니다.

첫걸음 가볍게!

✏️ 주어진 도형에서 직각삼각형을 찾고 그 이유를 설명하시오.

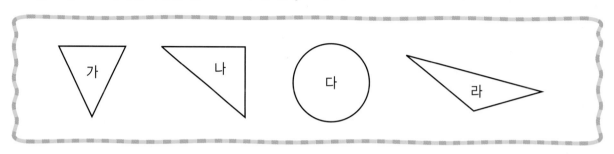

1 왼쪽 삼각형은 직각삼각형입니다. 직각삼각형의 특징을 살펴봅시다.

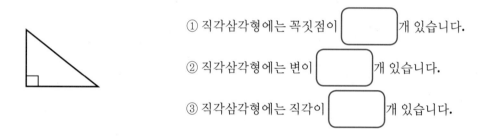

① 직각삼각형에는 꼭짓점이 [   ]개 있습니다.

② 직각삼각형에는 변이 [   ]개 있습니다.

③ 직각삼각형에는 직각이 [   ]개 있습니다.

2 주어진 도형의 특징을 표로 정리하여 봅시다.

	가 도형	나 도형	다 도형	라 도형
꼭짓점의 수				
변의 수				
직각의 수				

3 직각삼각형인 도형은 [   ]입니다.

4 직각삼각형을 찾고 그 이유를 설명하여 봅시다.

· 한 각이 [   ]인 삼각형을 [   ]이라고 합니다.

· [   ] 도형, [   ] 도형, [   ] 도형은 삼각형입니다.

그 중 [   ] 도형에 [   ]이 1개 있습니다. 직각삼각형은 [   ] 도형입니다.

한 걸음 두 걸음!

✏️ 주어진 도형에서 직각삼각형을 모두 찾고 그 이유를 설명하시오.

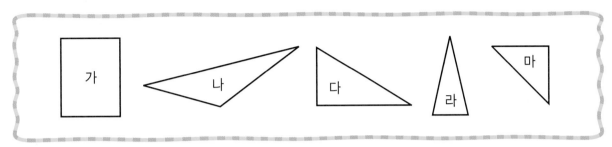

1 왼쪽 삼각형은 직각삼각형입니다. 직각삼각형의 특징을 살펴봅시다.

1) 직각삼각형에는 _____

2) 직각삼각형에는 _____

3) 직각삼각형에는 _____

2 주어진 도형의 특징을 표로 정리하여 봅시다.

	가 도형	나 도형	다 도형	라 도형	마 도형
_____의 수					
_____의 수					
_____의 수					

3 직각삼각형인 도형은 [ ] 입니다.

4 직각삼각형을 찾고 그 이유를 설명하여 봅시다.

_____

_____

_____

도전! 서술형!

✏ 주어진 도형에서 직각삼각형이 아닌 도형을 모두 찾고 그 이유를 설명하시오.

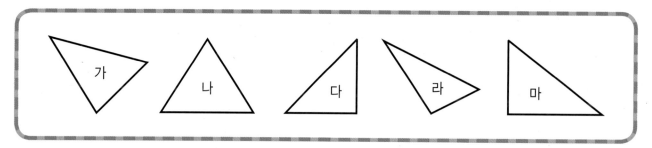

1 왼쪽 삼각형은 직각삼각형입니다. 직각삼각형의 특징을 살펴봅시다.

1) _____

2) _____

3) _____

2 주어진 도형의 특징을 표로 정리하여 봅시다.

	가 도형	나 도형	다 도형	라 도형	마 도형

3 직각삼각형이 아닌 도형은 [   ] 입니다.

4 직각삼각형이 아닌 도형을 모두 찾고 그 이유를 설명하여 봅시다.

_____

_____

_____

실전! 서술형!

✏️ 주어진 도형에서 직각삼각형을 모두 찾고 그 이유를 설명하시오.

| 가 | 나 | 다 | 라 | 마 |

✏️ 주어진 도형에서 직각삼각형이 아닌 도형을 모두 찾고 그 이유를 설명하시오.

| 가 | 나 | 다 | 라 | 마 |

개념 쏙쏙!

✏️ 왼쪽 도형을 오른쪽으로 뒤집어 나오는 도형을 그려보고, 원래 도형과 비교하여 설명하시오.

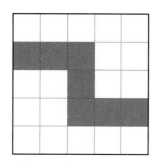 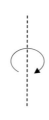 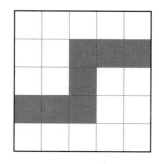

1 왼쪽 도형을 오른쪽으로 뒤집었을 때의 모양은 처음 모양과 서로

(**같습니다,** 다릅니다)

2 왼쪽 도형을 오른쪽으로 뒤집었을 때의 크기는

(바뀝니다, **바뀌지 않습니다**)

3 왼쪽 도형을 오른쪽으로 뒤집었을 때의 위, 아래의 위치는

(**같습니다,** 다릅니다)

4 왼쪽 도형을 오른쪽으로 뒤집었을 때의 오른쪽, 왼쪽의 위치는

(같습니다, **다릅니다**)

정리해 볼까요?

오른쪽으로 뒤집었을 때 특징을 설명하기

· 왼쪽 도형을 오른쪽으로 뒤집으면 | 크기와 모양 | 은 바뀌지 않습니다.

· 왼쪽 도형을 오른쪽으로 뒤집으면 기본 도형의 왼쪽이 | 오른쪽 | 으로, 오른쪽이 | 왼쪽 | 으로

방향이 바뀌게 됩니다.

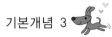

첫걸음 가볍게!

✏️ 오른쪽 도형을 왼쪽으로 뒤집어 나오는 도형을 그려보고, 원래 도형과 비교하여 설명하시오.

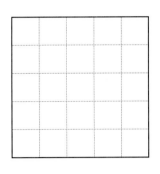 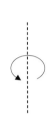 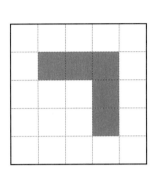

'개념 쏙쏙'의 내용을
참고해서 해봅시다.

1 오른쪽 도형을 왼쪽으로 뒤집었을 때의 모양은 처음 [   ]과 서로

(같습니다, 다릅니다)

2 오른쪽 도형을 왼쪽으로 뒤집었을 때의 [   ]는

(바뀝니다, 바뀌지 않습니다)

3 오른쪽 도형을 왼쪽으로 뒤집었을 때의 [   ]의 위치는

(같습니다, 다릅니다)

4 오른쪽 도형을 왼쪽으로 뒤집었을 때의 [   ]의 위치는

(같습니다, 다릅니다)

5 오른쪽 도형을 왼쪽으로 뒤집었을 때 나오는 도형을 원래 도형과 비교하여 설명하시오.

· 오른쪽 도형을 왼쪽으로 뒤집으면 [   ]는 바뀌지 않습니다.

· 오른쪽 도형을 왼쪽으로 뒤집으면 왼쪽 도형의 왼쪽이 [   ]으로, 오른쪽이 [   ]으로

[   ]이 바뀌게 됩니다.

한 걸음 두 걸음!

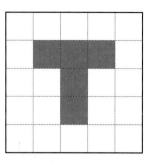

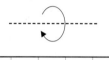

✏️ 위 도형을 아래쪽으로 뒤집어 나오는 도형을 그려보고, 원래 도형과 비교하여 설명하시오.

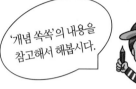

'개념 쏙쏙'의 내용을 참고해서 해봅시다.

1 위 도형을 아래쪽으로 뒤집었을 때의 모양은 처음 [   ] 과 서로

[   ]

2 위 도형을 아래쪽으로 뒤집었을 때의 [   ] 는

[   ]

3 위 도형을 아래쪽으로 뒤집었을 때의 [   ] 의 위치는 [   ]

4 위 도형을 아래쪽으로 뒤집었을 때의 [   ] 의 위치는 [   ]

5 위 도형을 아래쪽으로 뒤집었을 때 나오는 도형을 원래 도형과 비교하여 설명하시오.

· 위 도형을 아래쪽으로 뒤집으면 _____

· 위 도형을 아래쪽으로 뒤집으면 기본 도형의 _____ ,

_____ 바뀌게 됩니다.

도전! 서술형!

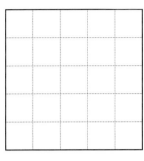

 아래의 도형을 위쪽으로 뒤집어 나오는 도형을 그려보고, 원래 도형과 비교하여 설명하시오.

'개념 쏙쏙'의 내용을 참고해서 해봅시다.

1 아래의 도형을 위쪽으로 뒤집었을 때의 [   ]은

처음 [   ]과 서로 [   ]

2 아래의 도형을 위쪽으로 뒤집었을 때의 [   ]는

[   ]

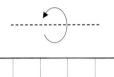

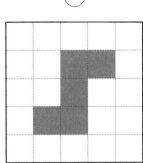

3 아래의 도형을 위쪽으로 뒤집었을 때의 [   ]의 위치는 [   ]

4 아래의 도형을 위쪽으로 뒤집었을 때의 [   ]의 위치는 [   ]

5 아래의 도형을 위쪽으로 뒤집었을 때 나오는 도형을 원래 도형과 비교하여 설명하시오.

실전! 서술형!

✏️ 왼쪽의 도형을 오른쪽으로 뒤집어 나오는 도형을 그려보고, 원래 도형과 비교하여 설명해 보시오.

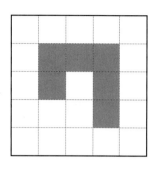  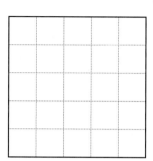

_____

_____

_____

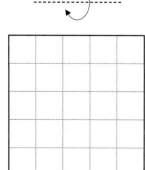

✏️ 왼쪽 위 도형을 아래쪽으로 뒤집어 나오는 도형을 그려보고,
원래 도형과 비교하여 설명하시오.

_____

_____

_____

_____

_____

2. 평면도형 (기본개념 4)

개념 쏙쏙!

모양으로 돌리기를 이용하여 아래와 같은 규칙적인 무늬를 만들었습니다.

규칙에 대해 설명하시오.

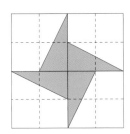

1 모양을 ⟨⟩ 돌려 모양을 만들었습니다.

2 모양을 ⟨⟩ 돌려 모양을 만들었습니다.

3 모양을 ⟨⟩ 돌려 모양을 만들었습니다.

정리해 볼까요?

규칙적인 무늬를 만든 방법 설명하기

· 모양을 기준으로 어떻게 [돌렸는지] 살펴봅니다.

· 모양을 ⟨⟩ , ⟨⟩ , ⟨⟩ 차례로 돌려 무늬를 만들었습니다.

· 모양을 시계방향으로 직각만큼 차례로 3번 돌려 무늬를 만들었습니다.

첫걸음 가볍게!

✏️ 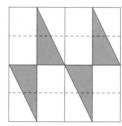 모양으로 밀기, 뒤집기, 돌리기를 이용하여 오른쪽과 같은

규칙적인 무늬를 만들었습니다. 규칙에 대해 설명하시오.

1 모양을 [   ] 하여 모양을 만들었습니다.

2 다르게 말하면, 모양을 기준으로 모양은 → → 로 움직였다고 볼 수 있습니다.

그러므로 모양을 [   ] 로 뒤집고, [   ] 로 뒤집기 하여 모양을 만들었습니다.

한 걸음 두 걸음!

✏️ 모양으로 밀기, 뒤집기, 돌리기를 이용하여 규칙적인 무늬를 만들었습니다. 빈 곳에 같은 규칙으로
무늬를 꾸미고, 규칙에 대해 설명하시오.

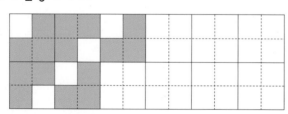

1 모양을 [   ] 하여 모양을 만들었습니다.

2 다르게 말하면 모양을 [   ] 로 뒤집고, [   ] 하여 모양을 만들었습니다.

3 다르게 말하면 모양을 [   ] 로 뒤집고, [   ] 하여 모양을 만들었습니다.

도전! 서술형!

 모양으로 돌리기를 이용하여 오른쪽과 같은 규칙적인 무늬를 만들었습니다. 규칙에 대해 설명하시오.

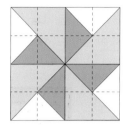

모양을 차례로 살펴봐요.

1  모양을

_____

2 모양을

_____

3 모양을

_____

실전! 서술형!

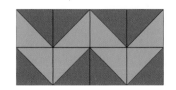

모양으로 뒤집기를 이용하여 왼쪽과 같은 규칙적인 무늬를 만들었습니다. 규칙에 대해 설명하시오.

_____

_____

_____

Jumping Up! 창의성!

✏️ 숫자퍼즐 놀이를 하여 봅시다. A4종이로 16조각을 내어 수카드를 만든 후에 아래 그림과 같이 놓습니다. 빈 칸으로는 한 숫자만 움직일 수 있습니다. 오른쪽 그림과 같이 되도록 수카드를 밀어서 옮겨 보시오.

	1	10	9
3	4	2	16
11	17	18	13
6	7	14	5
19	15	12	8

	1	2	3
7	6	5	4
8	9	10	11
15	14	13	12

→

	1	2	3
4	5	6	7
8	9	10	11
12	13	14	15

✏️ 여러 가지 물체나 자신의 모습을 거울에 비추어 보고 다른 점을 살펴보시오.

나의 실력은?

1 주어진 도형에서 직사각형을 모두 찾고 그 이유를 설명하시오.

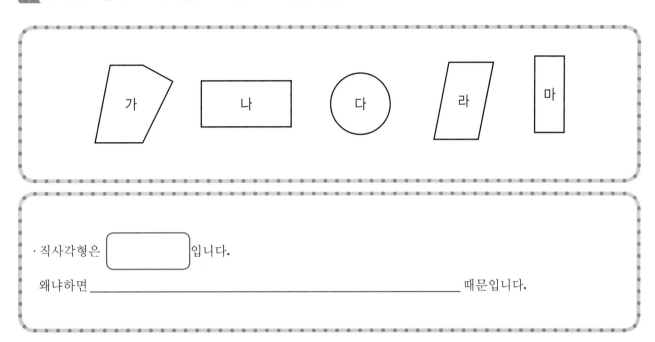

· 직사각형은 [ ] 입니다.

왜냐하면 _____ 때문입니다.

2 주어진 도형에서 직각삼각형이 아닌 도형을 모두 찾고 그 이유를 설명하시오.

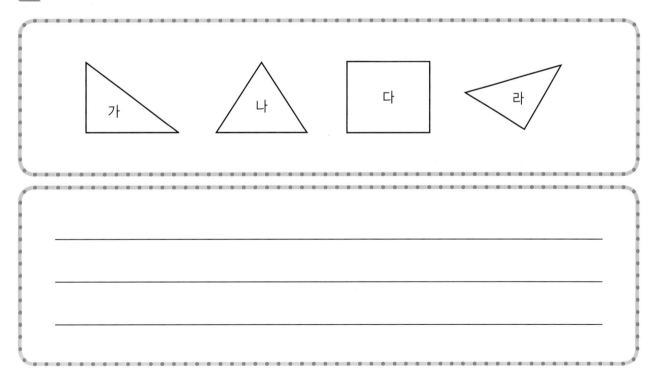

_____

_____

_____

3 위 도형을 아래쪽으로 뒤집어 나오는 도형을 그려보고, 원래 도형과 비교하여 설명하시오.

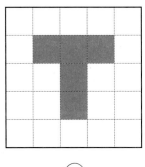

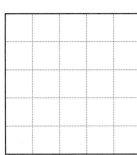

· 위 도형을 아래쪽으로 뒤집으면 _____

_____

· 위 도형을 아래쪽으로 뒤집으면 기본 도형의 _____

_____

_____

4 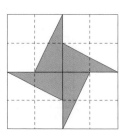 모양으로 돌리기를 이용하여 아래와 같은 규칙적인 무늬를 만들었습니다. 규칙에 대해 설명하시오.

· 모양을 기준으로 _____

· 모양을 _____ 무늬를 만들었습니다.

· 모양을 _____ 차례로 3번 돌려 무늬를 만들었습니다.

3. 나눗셈

3. 나눗셈 (기본개념 1)

개념 쏙쏙!

✏️ 12개의 빵을 2개씩 나누어 주면 모두 몇 명에게 나누어 줄 수 있는지 알아보고, 그 방법을 설명하시오.

1 그림으로 알아봅시다.

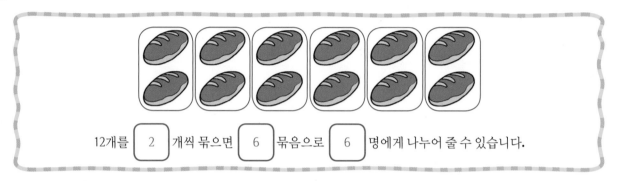

12개를 2 개씩 묶으면 6 묶음으로 6 명에게 나누어 줄 수 있습니다.

2 뺄셈으로 알아봅시다.

12-2- 2-2-2-2-2=0

12에서 2를 6 번 뺄 수 있으므로 6명에게 나누어 줄 수 있습니다.

3 나눗셈식으로 알아봅시다.

12÷2= 6   6명에게 나누어 줄 수 있습니다.

정리해 볼까요?

12 ÷ 2를 구하고, 그 방법 설명하기

12에서 2 개씩 묶으면 6 묶음으로 6명에게 나누어 줄 수 있습니다.

12에서 2를 6 번 뺄 수 있으므로 6명에게 나누어 줄 수 있습니다.

12 ÷ 2 = 6 , 6명에게 나누어 줄 수 있습니다.

첫걸음 가볍게!

✏️ 18개의 쿠키를 3개씩 나누어 주면 모두 몇 명에게 나누어 줄 수 있는지 알아보고, 그 방법을 설명하시오.

1 그림으로 알아봅시다.

18개를 □개씩 묶으면 □묶음으로 □명에게 나누어 줄 수 있습니다.

2 뺄셈으로 알아봅시다.

$$18-3-3-3-3-3-3=0$$

18에서 3을 □번 뺄 수 있으므로 □명에게 나누어 줄 수 있습니다.

3 나눗셈식으로 알아봅시다.

$18÷3=$ □   □명에게 나누어 줄 수 있습니다.

한 걸음 두 걸음!

✏️ 24개의 색종이를 4장씩 나누어 주면 모두 몇 명에게 나누어 줄 수 있는지 알아보고, 그 방법을 설명하시오.

1 그림으로 알아봅시다.

24개를 _____ □명에게 나누어 줄 수 있습니다.

2 뺄셈으로 알아봅시다.

$$24-4-4-4-4-4-4=0$$

24에서 _____ □명에게 나누어 줄 수 있습니다.

3 나눗셈식으로 알아봅시다.

_____ □명에게 나누어 줄 수 있습니다.

도전! 서술형!

12개의 연필을 4자루씩 나누어 주면 모두 몇 명에게 나누어 줄 수 있는지 알아보고, 그 방법을 설명하시오.

1 그림으로 알아봅시다.

_____

2 뺄셈으로 알아봅시다.

_____

3 나눗셈식으로 알아봅시다.

_____ _____

실전! 서술형!

20개의 사과를 5개씩 나누어 주면 모두 몇 명에게 나누어 줄 수 있는지 알아보고, 그 방법을 설명하시오.

_____

_____

_____

3. 나눗셈 (기본개념2)

개념 쏙쏙!

✏️ 연필 8자루를 2명에게 똑같이 나누어 주려고 합니다. 한 명에게 몇 자루씩 나누어 줄 수 있는지 곱셈구구로 알아보고, 그 방법을 설명하시오.

1 2명에게 나누어 주는 것을 그림으로 나타내어 봅시다.

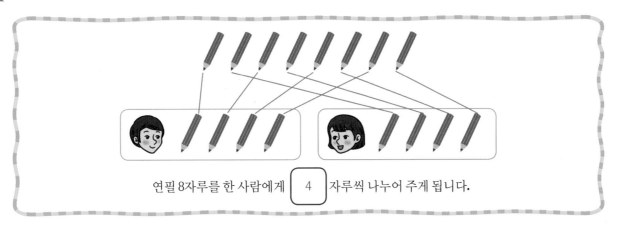

연필 8자루를 한 사람에게 4 자루씩 나누어 주게 됩니다.

2 곱셈구구로 알아봅시다. 나누는 수 2가 들어가 있는 구구단을 살펴서 8이 되는 부분을 찾아봅시다.

$2 \times 1 = 2$
$2 \times 2 = 4$
$2 \times 3 = 6$
$(2 \times 4 = 8)$
$2 \times 5 = 10$

① 나누는 수 2 을 보고 곱셈구구 2 단에서 어떤 수와 곱하여 8 이 되는지 알아봅니다.

② $2 \times$ 4 는 8입니다. 한 사람에게 4 자루씩 나누어 줄 수 있습니다.

3 나눗셈식으로 나타내면 $8 \div 2 =$ 4 입니다. 한 사람에게 4 자루씩 나누어 줄 수 있습니다.

정리해 볼까요?

곱셈구구로 알아보고 설명하기

① 나누는 수 2를 보고 2단을 살펴봅니다.
② 2×4=8입니다.
③ 한 사람에게 4개씩 나누어 줄 수 있습니다.

나눗셈식으로 나타내면
$8 \div 2 = 4$
몫은 4입니다.

첫걸음 가볍게!

✏️ 색종이 12장을 4명에게 똑같이 나누어 주려고 합니다. 한 명에게 몇 장씩 나누어 줄 수 있는지 곱셈구구로 알아보고, 그 방법을 설명하시오.

1 4명에게 나누어 주는 것을 그림으로 나타내어 봅시다.

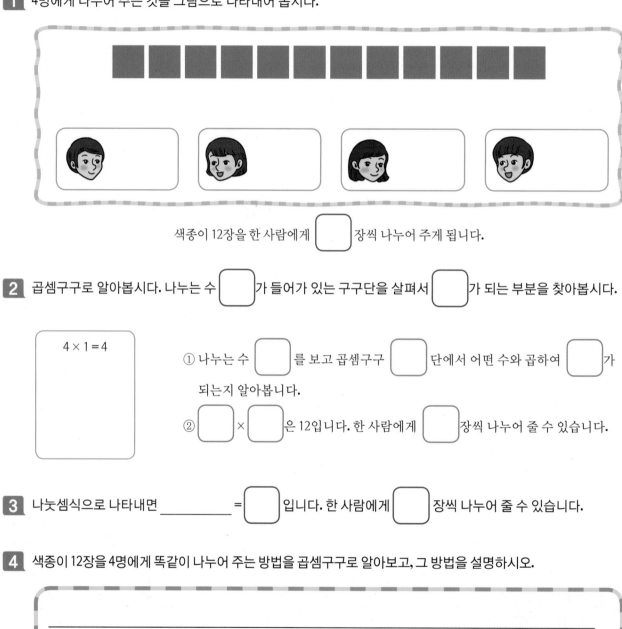

색종이 12장을 한 사람에게 ☐ 장씩 나누어 주게 됩니다.

2 곱셈구구로 알아봅시다. 나누는 수 ☐ 가 들어가 있는 구구단을 살펴서 ☐ 가 되는 부분을 찾아봅시다.

$4 \times 1 = 4$

① 나누는 수 ☐ 를 보고 곱셈구구 ☐ 단에서 어떤 수와 곱하여 ☐ 가 되는지 알아봅니다.

② ☐ × ☐ 은 12입니다. 한 사람에게 ☐ 장씩 나누어 줄 수 있습니다.

3 나눗셈식으로 나타내면 _____ = ☐ 입니다. 한 사람에게 ☐ 장씩 나누어 줄 수 있습니다.

4 색종이 12장을 4명에게 똑같이 나누어 주는 방법을 곱셈구구로 알아보고, 그 방법을 설명하시오.

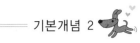

한 걸음 두 걸음!

✏️ 사탕 15개를 3명에게 똑같이 나누어 주려고 합니다. 한 명에게 몇 개씩 나누어 줄 수 있는지 곱셈구구로 알아보고, 그 방법을 설명하시오.

1 ☐명에게 나누어 주는 것을 그림으로 나타내어 봅시다.

_____ 나누어 주게 됩니다.

2 곱셈구구로 알아봅시다. _____을 살펴서 ☐가 되는 부분을 찾아봅시다.

① _____ 을 보고 _____ 에서 어떤 수와 곱하여

☐이 되는지 알아봅니다.

② _____ 입니다. _____씩 나누어 줄 수 있습니다.

3 나눗셈식으로 나타내면 _____ 입니다. _____ 나누어 줄 수 있습니다.

4 사탕 15개를 3명에게 똑같이 나누어 주는 방법을 곱셈구구로 알아보고, 그 방법을 설명하시오.

_____

_____

_____

도전! 서술형!

✏️ 클립 20개를 4명에게 똑같이 나누어 주려고 합니다. 한 명에게 몇 개씩 나누어 줄 수 있는지 곱셈구구로 알아보고, 그 방법을 설명하시오.

1 그림으로 나타내어 봅시다.

_____

2 곱셈구구로 알아봅시다.

① _____

_____

② _____

_____

3 나눗셈식으로 나타내면 _____ 입니다.

_____

4 클립 20개를 4명에게 똑같이 나누어 주는 방법을 곱셈구구로 알아보고, 그 방법을 설명하시오.

_____

_____

_____

실전! 서술형!

✏️ 쿠키 24개를 6명에게 똑같이 나누어 주려고 합니다. 한 명에게 몇 개씩 나누어 줄 수 있는지 그림으로 알아보고, 그 방법을 설명하시오.

✏️ 동화책 18권을 3명에게 똑같이 나누어 주려고 합니다. 한 명에게 몇 권씩 나누어 줄 수 있는지 곱셈구구로 알아보고, 그 방법을 설명하시오.

3. 나눗셈 (오류유형)

✎ 아래 계산과정을 보고 잘못된 점을 설명하고, 바르게 고쳐 계산하시오.

$$\begin{array}{r} 6 \\ 5\overline{)3\ 7} \\ \underline{3\ 0} \\ 7 \end{array}$$

1 나누는 수와 나머지의 관계를 이용하여 위 계산과정의 잘못된 점을 설명하시오.

① ┃ 나머지 ┃ 는 ┃ 나누는 수 ┃ 보다 ┃ 작아야 ┃ 합니다.

② 위의 나머지 7은 나누는 수 5보다 크기 때문에 잘못 되었습니다.

2 몫을 구하는 부분을 보고 잘못된 점을 설명하시오.

위 나눗셈은 5×7=35를 이용하여 ┃ 몫 ┃ 을 ┃ 7 ┃ 로 해야 하는데, 몫을 ┃ 6 ┃ 으로 잘못 정하였습니다.

3 바르게 계산하여 봅시다.

①	②	③

$$① \quad \begin{array}{r} 7 \\ 5\overline{)3\ 7} \end{array} \qquad ② \quad \begin{array}{r} 7 \\ 5\overline{)3\ 7} \\ \underline{3\ 5} \end{array} \qquad ③ \quad \begin{array}{r} 7 \\ 5\overline{)3\ 7} \\ \underline{3\ 5} \\ 2 \end{array}$$

정리해 볼까요?

계산과정의 잘못된 점을 설명하고 바르게 계산하기

① 나머지는 나누는 수보다 ┃ 작아야 ┃ 합니다.

나머지 7은 나누는 수 5보다 크기 때문에 잘못 되었습니다.

② 5×7=35를 이용하여 몫을 7로 해야 하는데,

몫을 6으로 잘못 정하였습니다.

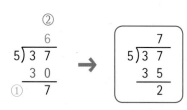

첫걸음 가볍게!

✏️ 아래 계산과정을 보고 잘못된 점을 설명하고, 바르게 고쳐 계산하시오.

1 나누어지는 수 43과 48의 관계를 이용하여 위 계산과정의 잘못된 점을 설명하시오.

① 나누는 수와 몫의 곱은 나누어지는 수 43보다 클 수 없습니다.

② [   ] 보다 [48] 이 크기 때문에 잘못 되었습니다.

③ 43-48에서 잘못을 깨닫지 못하고 두 수의 차로 구한 것이 잘못 되었습니다.

2 몫을 구하는 부분을 보고 잘못된 점을 설명하시오.

위 나눗셈은 8 × 5 = 40을 이용하여 [   ] 을 [   ] (으)로 해야 하는데, 몫을 [   ] 으로 잘못 정하였습니다.

3 바르게 계산하여 봅시다.

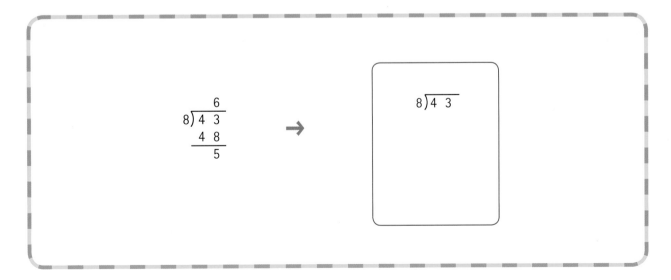

한 걸음 두 걸음!

✏️ 아래 계산과정을 보고 잘못된 점을 설명하고, 바르게 고쳐 계산하시오.

```
      8
  7)5 4
    5 6
    ───
      2
```

1 나누어지는 수 54과 56의 관계를 이용하여 위 계산과정의 잘못된 점을 설명하시오.

① 나누는 수와 몫의 곱은 나누어지는 수 [   ] 보다 클 수 없습니다.

② [   ] 보다 [   ] 이 크기 때문에 잘못 되었습니다.

③ [   ] 에서 잘못을 깨닫지 못하고 두 수의 차로 구한 것이 잘못 되었습니다.

2 몫을 구하는 부분을 보고 잘못된 점을 설명하시오.

위 나눗셈은 _____ 로 해야 하는데, 몫을 [   ] 로 잘못 정하였습니다.

3 바르게 계산하여 봅시다.

```
      8
  7)5 4
    5 6
    ───
      2
```
→
```
  7)5 4
```

도전! 서술형!

아래 계산과정을 보고 잘못된 점을 설명하고, 바르게 고쳐 계산하시오.

$$\begin{array}{r} 7 \\ 6\overline{)4\ 9} \\ 4\ 2 \\ \hline 7 \end{array}$$

'개념 쏙쏙'을 참고하세요.

1 나누는 수와 나머지의 관계를 이용하여 위 계산과정의 잘못된 점을 설명하시오.

_____

_____

2 몫을 구하는 부분을 보고 잘못된 점을 설명하시오.

_____

_____

3 바르게 계산하여 봅시다.

$$\begin{array}{r} 7 \\ 6\overline{)4\ 9} \\ 4\ 2 \\ \hline 7 \end{array} \quad \rightarrow \quad \begin{array}{r} \\ 6\overline{)4\ 9} \\ \ \end{array}$$

실전! 서술형!

✏️ 아래 계산과정을 보고 잘못된 점을 설명하고, 바르게 고쳐 계산하시오.

```
      5
  8)4 9
    4 0
  ─────
      9
```

→

```
  8)4 9
```

'개념 쏙쏙'을 참고하세요.

_____

_____

_____

✏️ 아래 계산과정을 보고 잘못된 점을 설명하고, 바르게 고쳐 계산하시오.

```
      8
  9)7 1
    7 2
  ─────
      1
```

→

```
  9)7 1
```

나누는 수와 나머지의 관계를 생각해 보세요.

_____

_____

_____

3. 나눗셈 (연결성)

6개를 남는 것이 없이 똑같은 수만큼 나누어 주려고 합니다. 몇 명에게 나누어 줄 수 있는지 설명하시오.

6개를 그려서 나누어 주는 모습을 알아보아도 도움이 됩니다.

• 1개씩 나누어 주는 경우를 나눗셈식으로 알아봅시다.

$6 \div 1$ 1개씩 [6] 명에게 똑같이 나누어 줄 수 있습니다.

• 2개씩 나누어 주는 경우를 나눗셈식으로 알아봅시다.

$6 \div 2$ 2개씩 [3] 명에게 똑같이 나누어 줄 수 있습니다.

• 3개씩 나누어 주는 경우를 나눗셈식으로 알아봅시다.

$6 \div 3$ 3개씩 [2] 명에게 똑같이 나누어 줄 수 있습니다.

• 4개씩 나누어 주는 경우를 나눗셈식으로 알아봅시다.

$6 \div 4$ 4개씩 [1] 명에게 똑같이 나누어 주고 [2] 개가 남습니다.

• 5개씩 나누어 주는 경우를 나눗셈식으로 알아봅시다.

$6 \div 5$ 5개씩 [1] 명에게 똑같이 나누어 주고 [1] 개가 남습니다.

• 6개씩 나누어 주는 경우를 나눗셈식으로 알아봅시다.

$6 \div 6$ 6개씩 [1] 명에게 똑같이 나누어 줄 수 있습니다.

정리해 볼까요?

6개를 똑같은 수만큼 나누어 주는 방법

① 6개를 남는 것이 없이 똑같이 나누어 주는 방법에는 1개씩 6명에게, 2개씩 3명에게, 3개씩 2명에게, 6개씩 1명에게 나누어 주기가 있습니다.

② 6개를 4개나 5개로 똑같이 나누어 주면, 남는 것이 생깁니다.

첫걸음 가볍게!

✏️ 8개를 남는 것이 없이 똑같은 수만큼 나누어 주려고 합니다. 몇 명에게 나누어 줄 수 있는지 설명하시오.

> 8개의 바둑돌을 가지고 직접 나누어 주기를 해도 됩니다.

• 1개씩 나누어 주는 경우를 나눗셈식으로 알아봅시다.

   8 ÷ 1   ☐ 개씩 ☐ 명에게 똑같이 나누어 줄 수 있습니다.

• 2개씩 나누어 주는 경우를 나눗셈식으로 알아봅시다.

   8 ÷ 2   ☐ 개씩 ☐ 명에게 똑같이 나누어 줄 수 있습니다.

• 3개씩 나누어 주는 경우를 나눗셈식으로 알아봅시다.

   8 ÷ 3   ☐ 개씩 ☐ 명에게 똑같이 나누어 주고 ☐ 개가 남습니다.

• 4개씩 나누어 주는 경우를 나눗셈식으로 알아봅시다.

   8 ÷ 4   ☐ 개씩 ☐ 명에게 똑같이 나누어 줄 수 있습니다.

• 5개씩 나누어 주는 경우를 나눗셈식으로 알아봅시다.

   8 ÷ 5   ☐ 개씩 ☐ 명에게 똑같이 나누어 주고 ☐ 개가 남습니다.

• 6개씩 나누어 주는 경우를 나눗셈식으로 알아봅시다.

   8 ÷ 6   ☐ 개씩 ☐ 명에게 똑같이 나누어 주고 ☐ 개가 남습니다.

• 7개씩 나누어 주는 경우를 나눗셈식으로 알아봅시다.

   8 ÷ 7   ☐ 개씩 ☐ 명에게 똑같이 나누어 주고 ☐ 개가 남습니다.

• 8개씩 나누어 주는 경우를 나눗셈식으로 알아봅시다.

   8 ÷ 8   ☐ 개씩 ☐ 명에게 똑같이 나누어 줄 수 있습니다.

---

① 8개를 남는 것이 없이 똑같이 나누어 주는 방법은 1개씩 ☐ 명에게, 2개씩 ☐ 명에게, 4개씩 ☐ 명에게 8개씩 1명에게 나누어 주기가 있습니다.

② 8개를 ☐ , ☐ , ☐ , ☐ 개로 똑같이 나누어 주면, 남는 것이 생깁니다.

한 걸음 두 걸음!

✏️ 9개를 남는 것이 없이 똑같은 수만큼 나누어 주려고 합니다. 몇 명에게 나누어 줄 수 있는지 설명하시오.

• 9÷1 _____ 똑같이 나누어 줄 수 있습니다.

• 9÷2 _____ 똑같이 나누어 주고 ☐개 남습니다.

• 9÷3 _____ 똑같이 나누어 줄 수 있습니다.

• 9÷4 _____ 똑같이 나누어 주고 ☐개 남습니다.

• 9÷5 _____ 똑같이 나누어 주고 ☐개 남습니다.

• 9÷6 _____ 똑같이 나누어 주고 ☐개 남습니다.

• 9÷7 _____ 똑같이 나누어 주고 ☐개 남습니다.

• 9÷8 _____ 똑같이 나누어 주고 ☐개 남습니다.

• 9÷9 _____ 똑같이 나누어 줄 수 있습니다.

① 9개를 남는 것이 없이 똑같이 나누어 주는 방법에는 _____
_____ 나누어 주기가 있습니다.

② 9개를 _____ 남는 것이 생깁니다.

도전! 서술형!

✏️ 10개를 남는 것이 없이 똑같은 수만큼 나누어 주려고 합니다. 몇 명에게 나누어 줄 수 있는지 설명하시오.

- ⬜ ÷ 1 _____

- ⬜ ÷ 2 _____

- ⬜ ÷ 3 _____

- ⬜ ÷ 4 _____

- ⬜ ÷ 5 _____

- ⬜ ÷ 6 _____

- ⬜ ÷ 7 _____

- ⬜ ÷ 8 _____

- ⬜ ÷ 9 _____

- ⬜ ÷ 10 _____

_____

_____

_____

실전! 서술형!

✏️ 12개를 남는 것이 없이 똑같은 수만큼 나누어 주려고 합니다. 몇 명에게 나누어 줄 수 있는지 설명하시오.

나의 실력은?

1 18개의 빵을 3개씩 나누어 주면 몇 명에게 나누어 줄 수 있는지 그림으로 알아보고, 그 방법을 설명하시오.

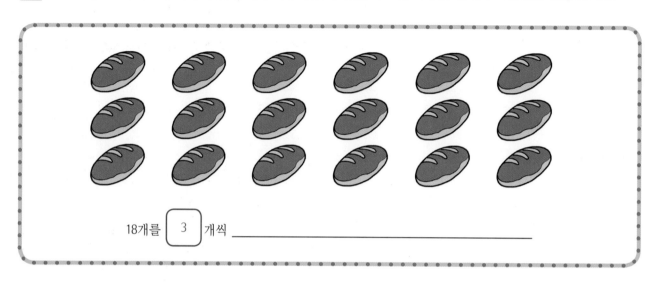

18개를 ☐3☐ 개씩 _____

2 연필 12자루를 4명에게 똑같이 나누어 주려고 합니다. 한 명에게 몇 자루씩 나누어 줄 수 있는지 곱셈구구로 알아보고, 그 방법을 설명하시오.

3 아래 계산과정을 보고 잘못된 점을 나누는 수와 나머지의 관계를 이용하여 설명하고, 바르게 계산하시오.

$$\begin{array}{r} 6 \\ 8\overline{)47} \\ 48 \\ \hline 1 \end{array}$$

→

$$8\overline{)47}$$

4 6개를 남는 것이 없이 똑같은 수만큼 나누어 주려고 합니다. 몇 명에게 나누어 줄 수 있는지 설명하시오.

4. 곱셈

개념 쏙쏙!

✏️ 12×4의 답을 구하고, 계산방법을 설명하시오.

1 12×4는 12가 몇 번 있다는 뜻입니까? ⌈ 4 ⌉ 번

2 12가 4번 있다는 것을 덧셈으로 표현하면 ⌈ 12 + 12 + 12 + 12 ⌉ 입니다.

3 12×4가 얼마인지 수모형으로 알아봅시다.

십 모형은 ⌈ 1×4 ⌉ 로 ⌈ 4 ⌉ 개 이므로 ⌈ 40 ⌉ 입니다.

일 모형은 ⌈ 2×4 ⌉ 로 ⌈ 8 ⌉ 개 이므로 ⌈ 8 ⌉ 입니다.

모두 ⌈ 48 ⌉ 입니다.

4 위에서 수모형으로 센 방법을 두 가지의 세로 곱셈식으로 나타내어 봅시다.

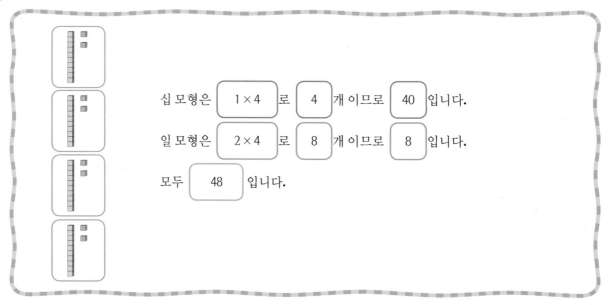

$2 \times 4 = 8$
$10 \times 4 = 40$

정리해 볼까요?

12 ÷ 4의 계산방법을 설명하기

12×4는 12가 4번이므로, 각각의 자릿값에 4를 곱합니다.

일의 자리는 ⌈ 2×4 ⌉ 로 ⌈ 8 ⌉ 이고, 십의 자리는 ⌈ 10×4 ⌉ 로 ⌈ 40 ⌉ 으로 답은 48입니다.

첫걸음 가볍게!

✏️ 13×2의 답을 구하고, 계산방법을 설명하시오.

1 13×2는 13이 몇 번 있다는 뜻입니까? ⬜번

2 13이 2번 있다는 것을 덧셈으로 표현하면 ⬜ 입니다.

3 13×2가 얼마인지 수모형으로 알아봅시다.

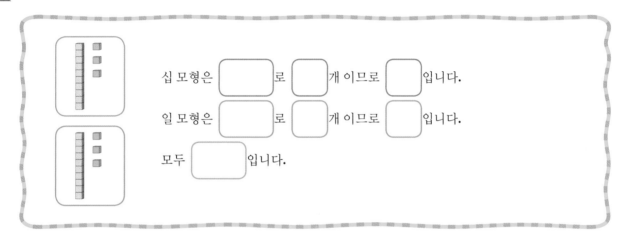

십 모형은 ⬜로 ⬜개 이므로 ⬜입니다.

일 모형은 ⬜로 ⬜개 이므로 ⬜입니다.

모두 ⬜입니다.

4 위에서 수모형으로 센 방법을 두 가지의 세로 곱셈식으로 나타내어 봅시다.

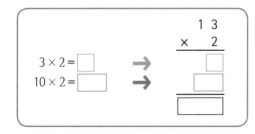

$3 \times 2 =$ ⬜
$10 \times 2 =$ ⬜

$$\begin{array}{r} 1\ 3 \\ \times\ \ 2 \\ \hline \end{array}$$

$$\begin{array}{r} 1\ 3 \\ \times\ \ 2 \\ \hline \end{array}$$

5 13×2의 답을 구하고, 계산방법을 설명하여 봅시다.

13×2는 ⬜이 ⬜번이므로, 각각의 자릿값에 ⬜를 곱합니다.

일의 자리는 ⬜로 ⬜이고,

십의 자리는 ⬜로 ⬜이므로 답은 ⬜입니다.

한 걸음 두 걸음!

✏️ 23×3의 답을 구하고, 계산방법을 설명하시오.

1 23 × 3은 ☐이 ☐번 있다는 뜻입니다.

2 ☐이 ☐번 있다는 것을 덧셈으로 표현하면 ☐입니다.

3 23 × 3이 얼마인지 수모형으로 알아봅시다.

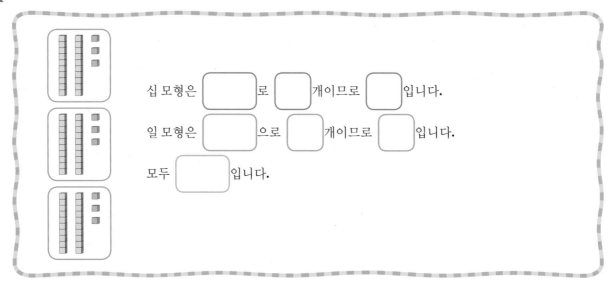

십 모형은 ☐로 ☐개이므로 ☐입니다.

일 모형은 ☐으로 ☐개이므로 ☐입니다.

모두 ☐입니다.

4 위에서 수모형으로 센 방법을 두 가지 세로 곱셈식으로 나타내어 봅시다.

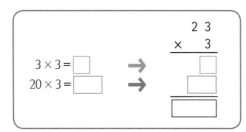

$3 \times 3 =$ ☐
$20 \times 3 =$ ☐

```
    2 3
  ×   3
  ─────
    ☐
   ☐
  ─────
  ☐
```

```
    2 3
  ×   3
  ─────
  ☐ ☐
```

5 23 × 3의 답을 구하고, 계산방법을 설명하여 봅시다.

23 × 3은 ☐이 ☐번이므로, _____

일의 자리는 _____,

십의 자리는 _____ 답은 ☐입니다.

도전! 서술형!

✏️ 41 × 2의 답을 구하고, 계산방법을 설명하시오.

1 41 × 2는 _____는 뜻입니다.

2 ☐이 ☐번 있다는 것을 _____입니다.

3 41 × 2가 얼마인지 수모형으로 알아봅시다.

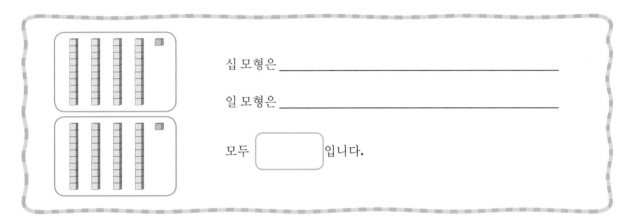

십 모형은 _____

일 모형은 _____

모두 ☐ 입니다.

4 위에서 수모형으로 센 방법을 두 가지 세로 곱셈식으로 나타내어 봅시다.

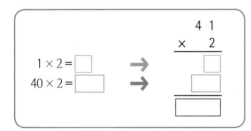

```
    4 1
  ×   2
      ☐
  ☐☐
 ☐☐☐
```

$1 × 2 = ☐$
$40 × 2 = ☐$

```
    4 1
  ×   2
  ☐☐
```

5 41 × 2의 답을 구하고, 계산방법을 설명하여 봅시다.

41 × 2는 _____

일의 자리는 _____,

십의 자리는 _____ 답은 _____입니다.

실전! 서술형!

24×2의 답을 수모형으로 구하고, 계산방법을 설명하시오.

34×2의 답을 곱셈식으로 구하고, 계산방법을 설명하시오.

4. 곱셈 (기본개념 2)

개념 쏙쏙!

✏️ 24 × 3의 답을 구하고, 계산방법을 설명하시오.

1 24 × 3는 24가 몇 번 있다는 뜻입니까? ☐ 3 ☐ 번

2 24 × 3을 덧셈으로 알아봅시다.

① 24를 3번 더해 알아봅시다.

> 24 + 24 + 24 = ☐ 72 ☐   24를 ☐ 3 ☐ 번 더하면 ☐ 72 ☐ 가 됩니다.

② 24를 20과 4로 가르기 하여 더해 알아봅시다.

> 20 + 20 + 20 + 4 + 4 + 4 = ☐ 60 ☐ + ☐ 12 ☐ = ☐ 72 ☐
>
> 20을 ☐ 3 ☐ 번 더하면 ☐ 60 ☐ 이고, 4를 ☐ 3 ☐ 번 더하면 ☐ 12 ☐ 입니다.
>
> 모두 ☐ 72 ☐ 가 됩니다.

3 위에서 더한 방법을 두 가지 세로 곱셈식으로 나타내어 봅시다.

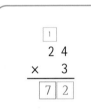

$$4 × 3 = \boxed{12}$$
$$20 × 3 = \boxed{60}$$

```
    2 4
  ×   3
  ─────
    1 2
    6 0
  ─────
    7 2
```

```
    1
    2 4
  ×   3
  ─────
    7 2
```

정리해 볼까요?

24 × 3의 계산방법을 설명하기

① 24 × 3은 24가 3번이므로, 덧셈으로 24+24+24이며 72입니다.

② 24 × 3은 곱셈으로 각각의 자릿값에 3을 곱합니다.

일의 자리는 ☐ 4×3 ☐ 으로 ☐ 12 ☐ 이고, ☐ 10 ☐ 은 ☐ 십 ☐ 의 자리에 1로 올려주면 ☐ 2 ☐ 입니다.

십의 자리는 ☐ 2×3 ☐ 이고, 일의 자리에서 올라온 1을 더하면 ☐ 7 ☐ 입니다. 답은 72입니다.

첫걸음 가볍게!

✏️ 38×2의 답을 구하고, 계산방법을 설명하시오.

1 38 × 2는 38이 ☐ 번 있다는 뜻입니다.

2 38 × 2를 덧셈으로 알아봅시다.

① 38을 2번 더해 알아봅시다.

38 + 38 = ☐   38을 2 번 _____ ☐ 이 됩니다.

② 38을 30과 8로 가르기 하여 더해 알아봅시다.

30 + 30 + 8 + 8 = ☐ + ☐ = ☐

☐ 을 ☐ 번 더하면 ☐ 이고, 8을 ☐ 번 더하면 ☐ 입니다.

모두 ☐ 이 됩니다.

3 위에서 더한 방법을 두 가지 세로 곱셈식으로 나타내어 봅시다.

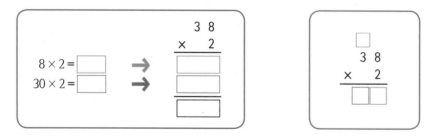

4 38 × 2의 세로 곱셈식 계산방법을 설명하여 봅시다.

일의 자리는 ☐ 로 ☐ 이고, ☐ 은 ☐ 의 자리에 1로 올려주면 ☐ 입니다.

십의 자리는 ☐ 이고, 일의 자리에서 올라온 1을 더하면 ☐ 입니다. 답은 ☐ 입니다.

한 걸음 두 걸음!

✎ 19×3의 답을 구하고, 계산방법을 설명하시오.

1 19 × 3은 19가 _____는 뜻입니다.

2 19 × 3을 덧셈으로 알아봅시다.

① 19를 3번 더해 알아봅시다.

19 + 19 + 19 = ☐   _____ ☐ 이 됩니다.

② 19를 10과 9로 가르기 하여 더해 알아봅시다.

_____

10을 3번 더하면 ☐ 이고, _____ ☐ 입니다.

모두 ☐ 이 됩니다.

3 위에서 더한 방법을 두 가지 세로 곱셈식으로 나타내어 봅시다.

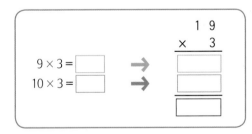

4 19 × 3의 세로 곱셈식을 설명하여 봅시다.

일의 자리는 _____ 으로 ☐ 이고, ☐ 은 _____에 2로 올려주면 ☐ 입니다.

십의 자리는 ☐ 이고, _____ 더하면 ☐ 입니다.

답은 ☐ 입니다.

도전! 서술형!

✏️ 26×3의 답을 구하고, 계산방법을 설명하시오.

1 26 × 3을 덧셈으로 알아봅시다.

① 26을 3번 더해 알아봅시다.

② 26을 20과 6으로 가르기 하여 더해 알아봅시다.

2 26 × 3을 세로 곱셈식으로 나타내고, 설명하여 봅시다.

$6 \times 3 =$ ☐ ➜
$20 \times 3 =$ ☐ ➜

```
    2 6
  ×   3
┌─────┐
└─────┘
┌─────┐
└─────┘
┌─────┐
└─────┘
```

```
    ☐
    2 6
  ×   3
 ─────
  ☐ ☐
```

실전! 서술형!

17×5의 답을 구하고, 계산방법을 설명하시오.

세 가지 방법으로 할 수 있어요.

4. 곱셈 (오류유형)

개념 쏙쏙!

✏ 친구가 오른쪽과 같이 문제를 해결한 것을 보고,
어떤 점이 잘못되었는지 설명하고 바르게 계산하시오.

```
    2 1
  ×   8
  ─────
      8
    1 6
  ─────
    2 4
```

1 먼저 21×8을 수모형으로 알아봅시다.

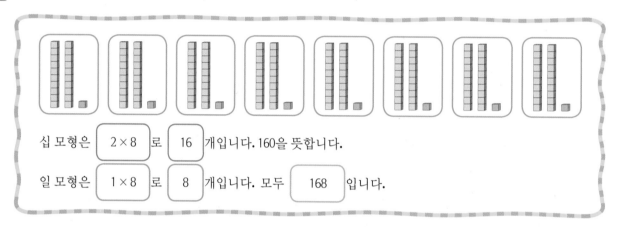

십 모형은 [2 × 8] 로 [16] 개입니다. 160을 뜻합니다.

일 모형은 [1 × 8] 로 [8] 개입니다. 모두 [168] 입니다.

2 계산과정을 보며 잘못된 점을 말해 봅시다.

```
    2 1
  ×   8
  ─────
      8
    1 6
  ─────
    2 4
```

① 21×8은 21을 8번 더한다는 뜻으로 24가 될 수 없습니다.

② 일의 자리는 1×8=8로 바르게 계산했습니다.

③ 십의 자리는 2×8=16은 십 모형 16개로 160입니다. 160을 16으로 잘못 썼습니다.

정리해 볼까요?

계산과정의 잘못된 점을 설명하고 바르게 계산하기

① 21×8은 21을 8번 더한다는 뜻으로 24가 될 수 없습니다.

② 십의 자리는 2×8=16은 160을 뜻합니다.

　자릿값을 생각하지 않고 160을 16으로 잘못 썼습니다.

③ 8+160=168입니다.

```
    2 1              2 1
  ×   8            ×   8
  ─────     →     ─────
      8                8
    1 6            1 6 0
  ─────          ─────
    2 4            1 6 8
```

첫걸음 가볍게!

친구가 아래와 같이 문제를 해결한 것을 보고, 어떤 점이 잘못되었는지 설명하고 바르게 계산하시오.

$$
\begin{array}{r}
3\ 4 \\
\times\quad 2 \\
\hline
8 \\
6 \\
\hline
1\ 4
\end{array}
$$

1 먼저 34×2를 수모형으로 알아봅시다.

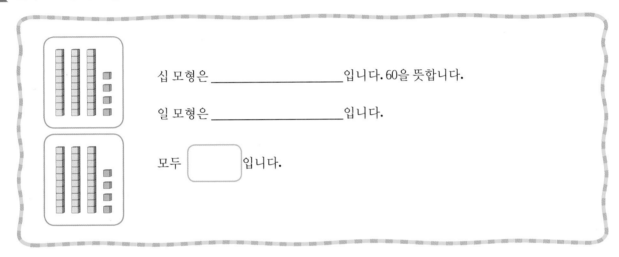

십 모형은 _____입니다. 60을 뜻합니다.

일 모형은 _____입니다.

모두 [   ]입니다.

2 계산과정을 보며 잘못된 점을 말해 봅시다.

$$
\begin{array}{r}
3\ 4 \\
\times\quad 2 \\
\hline
8 \\
6 \\
\hline
1\ 4
\end{array}
$$

① 34×2는 34를 2번 더한다는 뜻으로 [   ]가 될 수 없습니다.

② 일의 자리는 _____로 바르게 계산했습니다.

③ 십의 자리는 _____ 십 모형 _____입니다.

_____ 잘못 썼습니다.

3 바르게 계산하여 봅시다.

$$
\begin{array}{r}
3\ 4 \\
\times\quad 2 \\
\hline
8 \\
6 \\
\hline
1\ 4
\end{array}
\rightarrow
\begin{array}{r}
3\ 4 \\
\times\quad 2 \\
\hline

\end{array}
$$

한 걸음 두 걸음!

✎ 친구가 오른쪽과 같이 문제를 해결한 것을 보고,
어떤 점이 잘못되었는지 설명하고 바르게 계산하시오.

```
    8 3
  ×   2
  ─────
      6
    1 6
  ─────
    2 2
```

1 먼저 83×2를 수모형으로 알아봅시다.

(십 모형 ▯, 일 모형 ▫)

```
┌─────────────────────────────────────────────────┐
│  ┌──────────────────┐   ┌──────────────────┐      │
│  │                  │   │                  │      │
│  │                  │   │                  │      │
│  │                  │   │                  │      │
│  │                  │   │                  │      │
│  └──────────────────┘   └──────────────────┘      │
│                                                   │
│  ─────────────────────────────────────────────    │
│                                          모두 ▭ 입니다.│
└─────────────────────────────────────────────────┘
```

2 계산과정을 보며 잘못된 점을 말해 봅시다.

```
    8 3
  ×   2
  ─────
      6
    1 6
  ─────
    2 2
```

① 83 × 2는 _____는 뜻으로 ▭ 가 될 수 없습니다.

② 일의 자리는 _____

③ 십의 자리는 _____

_____ 잘못 썼습니다.

3 바르게 계산하여 봅시다.

```
    8 3
  ×   2      →    ┌──────┐
  ─────          │      │
      6          │      │
    1 6          └──────┘
  ─────
    2 2
```

도전! 서술형!

 친구가 아래와 같이 문제를 해결한 것을 보고, 어떤 점이 잘못되었는지 설명하고 바르게 계산하시오.

```
    4 3
  ×   3
 ─────
      9
    1 2
 ─────
    2 1
```

1 먼저 43×3을 수모형으로 알아봅시다.

(십 모형 , 일 모형)

2 계산과정을 보며 잘못된 점을 말해 봅시다.

3 바르게 계산하여 봅시다.

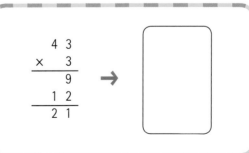

실전! 서술형!

✏️ 아래 계산과정을 보고 잘못된 점을 설명하고, 바르게 계산하시오.

```
    2 8
  ×   4
  ─────
    3 2
    8
  ─────
    4 0
```

→

'개념 쏙쏙'을
참고하세요.

✏️ 아래 계산과정을 보고 잘못된 점을 설명하고, 바르게 계산하시오.

```
    6 3
  ×   2
  ─────
      6
  1 2
  ─────
  1 8
```

→

'첫걸음 가볍게'를
참고하세요.

Jumping Up! 창의성!

곱셈을 하는 방법에는 여러 가지가 있습니다. 타임머신을 타고 옛날 이집트로 날아가 봅시다.

아래의 계산 방법은 이집트 방법입니다.

보기

$$<21 \times 8>$$

21 1 21

21 2 42

21 4 84

21 8 168

$<21 \times 8>$ 일 때

21을 1배하면 21

21을 2배하면 42

21을 4배하면 84

21을 8배하면 168

21×8은 21의 8배로

168입니다.

$<21 \times 7>$ 일 때

21을 1배하면 21

21을 2배하면 42

21을 4배하면 84

21×7은 21의 7배입니다.

7배는 1배 + 2배 + 4배 입니다.

21×7은 21 + 42 + 84 이므로 147입니다.

21×3을 이집트 방법으로 구하시오.

① 21×3은 21의 3배입니다.

② 3배는 [   ] 입니다.

③ 21×3은 [   ] 이므로 [   ] 입니다.

1 21 × 4는 얼마인지 수모형으로 알아보고, 그 방법을 설명하시오.

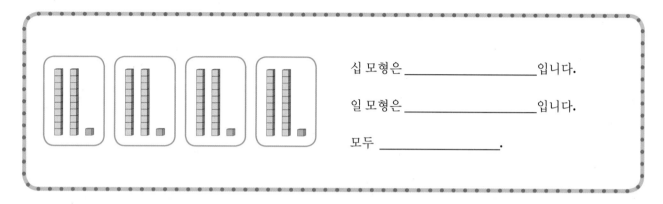

십 모형은 _____입니다.

일 모형은 _____입니다.

모두 _____.

2 32 × 3의 답을 곱셈식으로 구하고, 계산방법을 설명하시오.

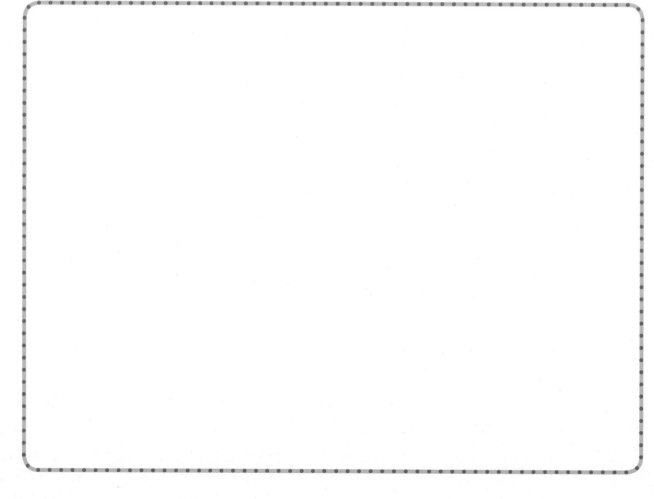

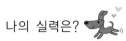

3 43 × 3의 계산을 40과 3으로 가르기 하여 더해 답을 구하고, 계산방법을 설명하시오.

4 아래 계산과정을 보고 잘못된 점을 설명하고, 바르게 계산하시오.

```
    2 7
  ×   5
  ─────
    3 5
  1 0
  ─────
    4 5
```

_____

_____

_____

5. 길이와 시간

5. 길이와 시간 (기본개념 1)

개념 쏙쏙!

✏ 토끼는 달리기 시합에 참가하였습니다. 10시 20분에 출발하였습니다.

토끼는 11분 30초 동안 달렸습니다. 도착한 시각을 알아보고, 그 방법을 설명하시오.

1 식으로 나타내어 보시오.

2 수직선으로 알아봅시다. 수직선의 한 칸은 1분입니다.

1) 먼저 11분 30초 중에서 11분만큼 이동하고, 시각을 알아봅시다.

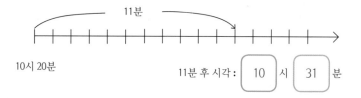

10시 20분   11분 후 시각 : 10 시 31 분

2) 남은 30초를 더 이동하고, 시각을 알아봅시다.

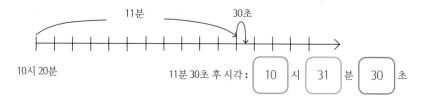

10시 20분   11분 30초 후 시각 : 10 시 31 분 30 초

3) 토끼가 도착한 시각은 언제입니까? 10 시 31 분 30 초

3 수직선으로 알아본 것을 시간의 가로 덧셈식으로 알아봅시다.

10시 20분 + 11분 30초 = 10 시 31 분 30 초

4 수직선으로 알아본 것을 시간의 세로 덧셈식으로 알아봅시다.

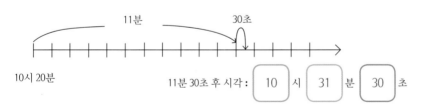

	10시	20분	
+		11분	30초
	10 시	31 분	30 초

① 같은 단위끼리 더합니다.

② 분 단위는 20분 + 11분 = 31분 입니다.

③ 초 단위는 0초 + 30초 = 30초 입니다.

④ 토끼가 도착한 시각은 10 시 31 분 30 초입니다.

정리해 볼까요?

시간의 합을 구하는 방법 설명하기

1. 수직선으로 알아봅시다.

  먼저 11분 30초 중에서 11분만큼 이동하고, 남은 30초를 더 이동해서 알아보면 토끼가 도착한 시각은

  10 시 31 분 30 초입니다.

11분   30초

10시 20분   11분 30초 후 시각 : 10 시 31 분 30 초

2. 시간의 세로 덧셈식으로 알아봅시다.

	10시	20분	
+		11분	30초
	10 시	31 분	30 초

① 같은 단위끼리 더합니다.

② 분 단위는 20분 + 11분 = 31분 입니다.

③ 초 단위는 0초 + 30초 = 30초 입니다.

④ 토끼가 도착한 시각은 10 시 31 분 30 초입니다.

첫걸음 가볍게!

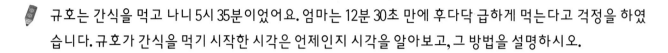

✏️ 규호는 간식을 먹고 나니 5시 35분이었어요. 엄마는 12분 30초 만에 후다닥 급하게 먹는다고 걱정을 하였습니다. 규호가 간식을 먹기 시작한 시각은 언제인지 시각을 알아보고, 그 방법을 설명하시오.

1 식으로 나타내어 보시오.

2 수직선으로 알아봅시다. 수직선의 한 칸은 1분입니다.

1) 먼저 12분 30초에서 ☐ 분만큼 이동하고, 시각을 알아봅시다.

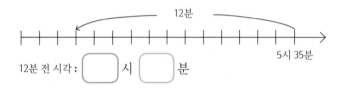

12분

5시 35분

12분 전 시각 : ☐ 시 ☐ 분

2) 남은 30초를 더 이동하고, 시각을 알아봅시다.

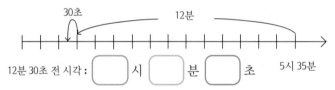

30초   12분

5시 35분

12분 30초 전 시각 : ☐ 시 ☐ 분 ☐ 초

3) 규호가 간식을 먹기 시작한 시각은 언제입니까? ☐ 시 ☐ 분 ☐ 초

3 수직선으로 알아본 것을 시간의 가로 뺄셈식으로 알아봅시다.

5시 35분 − 12분 30초 = ☐ 시 ☐ 분 ☐ 초

4 수직선으로 알아본 것을 시간의 세로 뺄셈식으로 알아봅시다.

① 같은 단위끼리 뺍니다.

② 30초를 빼기 위해 35분을 34분과 1분(60초)으로 가르기를 한 후

$$60초 - 30초 = 30초$$ 입니다.

	5시	34분	60초
−		12분	30초
	☐ 시	☐ 분	☐ 초

③ 분 단위는 $34분 - 12분 = 22분$ 입니다.

④ 규호가 간식을 먹기 시작한 시각은 ☐ 시 ☐ 분 ☐ 초입니다.

한 걸음 두 걸음!

✏️ 영채는 3시 30분에 장미 다발 만들기를 시작하였어요. 장미 여러 개를 접는데 14분 40초 걸렸어요. 영채가 장미 다발 만들기를 마친 시각을 알아보고, 그 방법을 설명하시오.

1 식으로 나타내어 보시오. _____

2 수직선으로 알아봅시다. 수직선의 한 칸은 1분입니다.

1) 먼저 14분 40초 중에서 ☐ 분만큼 이동하고, 시각을 알아봅시다.

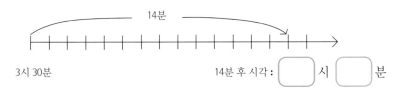

14분 후 시각 : ☐ 시 ☐ 분

2) 남은 40초를 더 이동하고, 시각을 알아봅시다.

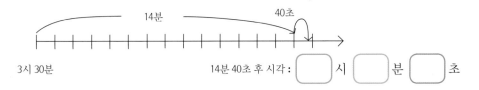

14분 40초 후 시각 : ☐ 시 ☐ 분 ☐ 초

3) 영채가 장미 다발 만들기를 마친 시각은 언제입니까? ☐ 시 ☐ 분 ☐ 초

3 수직선으로 알아본 것을 시간의 가로 덧셈식으로 알아봅시다.

3시 30분 + 14분 40초 = ☐ 시 ☐ 분 ☐ 초

4 수직선으로 알아본 것을 시간의 세로 덧셈식으로 알아봅시다.

① 같은 단위끼리 더합니다.

```
    3시    30분
 +        14분    40초
─────────────────────
    ☐ 시  ☐ 분  ☐ 초
```

② 초 단위는 _____ 입니다.

③ 분 단위는 _____ 입니다.

④ 영채가 장미 다발 만들기를 마친 시각은 ☐ 시 ☐ 분 ☐ 초입니다.

도전! 서술형!

재영이가 운동을 마치고 나니 6시 50분이었어요. 재영이는 1시간 30분을 운동하였습니다. 재영이가 운동을 시작한 시각을 알아보고, 그 방법을 설명하시오.

1 식으로 나타내어 보시오.

2 수직선으로 알아봅시다. 수직선의 한 칸은 10분입니다.

1) 먼저 시 단위를 수직선으로 알아봅시다.

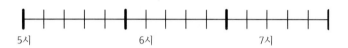

1시간은 100분이 아니고 60분입니다.

2) 남은 30분을 더 이동하고, 시각을 알아봅시다.

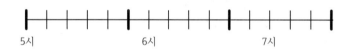

3) 재영이가 운동을 시작한 시각은 언제입니까? ☐시 ☐분

3 수직선으로 알아본 것을 시간의 가로 뺄셈식으로 알아봅시다.

_____

4 수직선으로 알아본 것을 시간의 세로 뺄셈식으로 알아봅시다.

'첫걸음 가볍게'를 참고하세요.

```
      6시    50분
  -   1시    30분
  ┌──┐시 ┌──┐분
```

① 같은 단위끼리 뺍니다.

② 분 단위는 _____ 입니다.

③ 시 단위는 _____ 입니다.

④ 재영이가 운동을 시작한 시각은 ☐시 ☐분입니다.

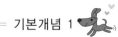

실전! 서술형!

도혜가 10시 43분에 600 m 달리기를 시작하여 6분 25초 동안 뛰었습니다. 달리기를 마친 시각을 알아보고, 그 방법을 설명하시오.

> '개념 쏙쏙'을 참고하세요.

주영이는 600 m 달리기를 하고 나니 9시 48분이었어요. 주영이의 600 m 기록은 6분 30초입니다. 주영이가 달리기를 시작한 시각을 알아보고, 그 방법을 설명하시오.

> '첫걸음 가볍게'를 참고하세요.

5. 길이와 시간 (기본개념 2)

개념 쏙쏙!

✏️ 사회시간에 마을지도를 그리기 위해서 인터넷지도로 거리를 알아보았습니다. 친구들의 집과 학교까지의 거리는 다음과 같았습니다. 누구의 집이 학교에서 더 멀리 있는지 찾고 그 방법을 설명하시오.

1 구하려고 하는 것은 ┌ 누구의 집이 더 멀리 있는지 찾는 것 ┐ 입니다.

2 알고 있는 것은 무엇입니까?

┌ 진희집은 950 m 떨어져 있고, 현석이집은 1 km 50 m 떨어져 있다 ┐

3 길이를 수직선위에 나타내어 비교해 봅시다.

1) 집까지의 거리를 수직선에 나타내 봅시다.

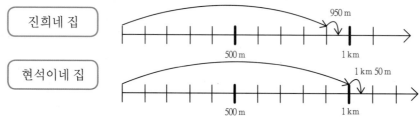

2) 비교하여 말해 봅시다.

┌
① ┌ 현석 ┐ 이네 집이 더 멉니다.

② 0을 기준으로 ┌ 현석 ┐ 이네 집이 ┌ 더 멀리 ┐ 있습니다.

③ 1 km를 기준으로 ┌ 진희 ┐ 네 집의 거리는 1 km가 안되고, ┌ 현석 ┐ 이네 집의 거리는 1 km를 넘기 때문입니다.
┘

4 집까지 거리의 단위가 서로 다릅니다. 같은 단위로 바꾸어 비교해 봅시다.

1) 같은 단위로 바꾸어 봅시다.

$$1 \ km = 1000 \ m$$

① 진희 의 집까지 거리 950 m

② 현석이 의 집까지 거리 1 km 50 m ⇒ 1050 m

2) 두 수 950 과 1050 을 비교하면 1050 이 더 큽니다.

3) 누구의 집이 더 멀리 있습니까? 현석이네 집

4) 그렇게 생각한 까닭은 무엇입니까?

수를 비교했을 때 더 크기 때문입니다.

정리해 볼까요?

집과 학교까지 거리를 비교하고, 그 방법을 설명하기

1. 수직선으로 비교하면 현석 이네 집이 더 멉니다.

① 0을 기준으로 현석 이네 집이 더 멀리 있습니다.

② 1 km를 기준으로 진희 네 집의 거리는 1 km가 안되고, 현석 이네 집의 거리는 1 km를 넘기 때문입니다.

2. 같은 단위로 바꾸어 봅시다. 두 수를 비교하여 더 큰 수가 더 멀리 있습니다.

$$1 \ km = 1000 \ m$$

① 진희 의 집까지 거리 950 m

② 현석이 의 집까지 거리 1 km 50 m ⇒ 1050 m

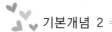

첫걸음 가볍게!

지리산 노고단을 오르는 방법입니다.

어느 코스로 가는 것이 더 가까운지 찾고 그 방법을 설명하시오.

> 만복대-성삼재-노고단 : 7 km 800 m
>
> 화엄사- 노고단 : 7 km 100 m

1 구하려고 하는 것은 ⬚ 입니다.

2 알고 있는 것은 ⬚ 는 것입니다.

3 거리를 수직선 위에 나타내어 비교해 봅시다.

1) 수직선의 1칸은 1 km입니다. 거리를 수직선에 나타내 봅시다.

만복대 코스 ├┼┼┼┼┼┼┼┼┼┼┼┼┼┼┼┼┼┼┼┼┼┼┼→
　　　　　0

화엄사 코스 ├┼┼┼┼┼┼┼┼┼┼┼┼┼┼┼┼┼┼┼┼┼┼┼→
　　　　　0

2) 비교하여 말해 봅시다.

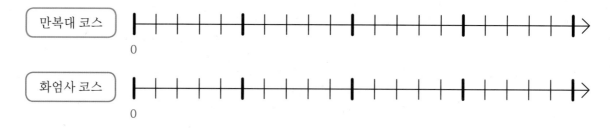

① ⬚ 코스가 더 가깝습니다.

② 0을 기준으로 ⬚ 코스가 ⬚ 있습니다.

③ 7 km를 기준으로 ⬚ 코스는 8 km에 가깝고, ⬚ 코스는 7 km에 가깝기 때문입니다.

4 같은 단위끼리 비교해 봅시다.

> 만복대–성삼재–노고단 : 7 km 800 m
>
> 화엄사–노고단 : 7 km 100 m

1) km단위를 비교하면, 만복대 코스는 ⬜ km이고, 화엄사 코스는 ⬜ km로 서로 같습니다.

2) m단위를 비교하면, 만복대코스는 ⬜ m이고, 화엄사코스는 ⬜ m로 두 수중 ⬜ 이 더 작습니다.

3) 어느 코스가 더 가깝습니까?   ⬜ 코스

4) 그렇게 생각한 까닭은 무엇입니까?

⬜

5 정리하여 말하여 봅시다.

1) 수직선으로 비교하면 ⬜ 코스가 더 가깝습니다.

　① 0을 기준으로 ⬜ 코스가 │ 더 가까이 │ 있습니다.

　② 7 km를 기준으로 ⬜ 코스는 8 km 에 가깝고, ⬜ 코스는 7 km에 가깝기 때문입니다.

2) 길이를 비교 할 때에는 같은 단위끼리 비교합니다.

│ 만복대 코스 │ 길이 ⬜ km ⬜ m

│ 화엄사 코스 │ 길이 ⬜ km ⬜ m

　① 단위가 큰 │ km단위 │ 부터 비교합니다. │ km │ 의 수가 같으면, │ m단위 │ 의 수를 비교합니다.

　② m단위를 비교하면 ⬜ 가 더 작습니다.

　③ 만복대코스가 화엄사코스보다 더 ⬜

 **한 걸음 두 걸음!**

✏️ 인터넷지도로 거리를 재어보니 세진이의 집에서 박물관과 미술관의 거리는 다음과 같았습니다. 어디가 더 멀리 있는지 찾고 그 방법을 설명하시오.

우리 집에서 박물관은 985m 떨어져 있어. 우리 집에서 미술관은 1 km 650 m의 위치에 있네.

1 길이를 수직선 위에 나타내어 비교해 봅시다.

1) 거리를 수직선에 나타내 봅시다.

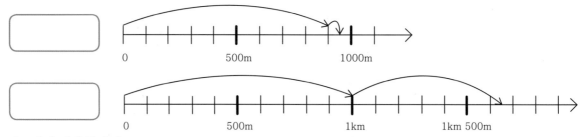

2) 비교하여 말해 봅시다.

① _____ 이 더 멉니다.

② 0을 기준으로 _____ 있습니다.

③ _____ 은 1 km 안되고, _____ 은 1 km를 넘기 때문입니다.

2 같은 단위로 바꾸어 비교해 봅시다.

1) 같은 단위로 바꾸어 봅시다.

$1 \text{ km} = 1000 \text{ m}$

① ☐ 까지 거리 ☐ m

② ☐ 까지 거리 ☐ km ☐ m ⇒ ☐ m

2) 두 수 ☐ 과 ☐ 을 비교하면 _____

3) ☐ 이 더 멉니다. _____ 때문입니다.

도전! 서술형!

✏️ 민희와 종수가 인터넷지도로 재어본 거리에 대해 이야기를 나누고 있습니다. 누구의 집이 더 멀리 있는지 찾고 그 방법을 설명하시오.

1 수직선 위에 나타내어 비교해 봅시다.

_____ 더 멀리 있습니다.

2 같은 단위로 바꾸어 비교해 봅시다.

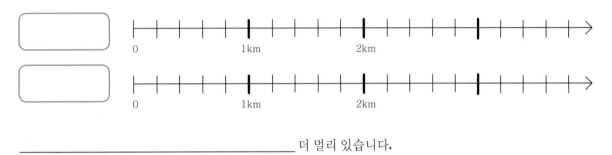

① [　] 까지 거리 [　] m

② [　] 까지 거리 [　] km [　] m ⇒ [　] m

_____ 더 멀리 있습니다.

3 민희와 종수의 집과 학교까지의 거리를 비교하여 설명해 봅시다.

1) 수직선으로 비교하면 _____

2) _____로 바꾸어 비교합니다. 진희네 집은 _____, 종수네 집은 _____ 입니다.

　두 수를 비교하면 _____.

실전! 서술형!

✏️ 길이를 비교하는 방법을 알아보고 설명하시오.

'첫걸음 가볍게'를
참고하세요.

1 길이를 수직선 위에 나타내어 비교해 봅시다.

천둥매표소－비로봉 : 6 km 800 m

삼가매표소－비로봉 : 6 km

천둥매표소

0   5km

삼가매표소

0   5km

_____

_____

_____

2 인터넷지도에서 본 친구들의 집과 학교까지의 거리는 다음과 같았습니다. 누구의 집이 더 멀리 있는지 찾고 그 방법을 설명해 봅시다.

우리 집은 학교에서 남쪽으로 1 km 80 m 떨어져 있어.

진경

우리 집은 학교에서 북쪽으로 850 m 떨어져 있어.

보라

'개념 쏙쏙'을 참고하세요.

_____

_____

_____

나의 실력은?

1 도경이가 11시 21분에 600m 달리기를 하여 8분 45초 동안 뛰었습니다. 달리기를 마친 시각을 알아보고, 그 방법을 설명하시오. **(1칸은 1분입니다.)**

11시 21분

_____

_____

_____

2 세진이의 집에서 경찰서와 도서관의 거리를 수직선을 이용하여 비교하고, 그 방법을 설명해 봅시다.

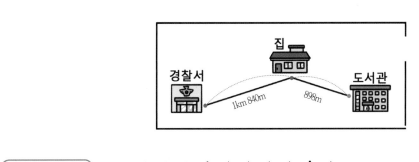

0   500m   1000m

0   500m   1km   1km 500m   2km

6. 분수와 소수

6. 분수와 소수 (기본개념 I)

개념 쏙쏙!

✏️ 같은 길이의 테이프를 이용하여 만들기를 하였습니다. 빨간테이프의 $\frac{3}{4}$을 이용해 만들었고, 초록테이프는 $\frac{2}{4}$를 이용하였습니다. 어느 테이프를 더 많이 사용하였는지 설명해 봅시다.

1 그림을 이용하여 알아봅시다.

① 사용한 빨간테이프와 초록테이프의 길이를 색칠해 나타내 봅시다.

② 길이를 비교하여 어느 쪽이 더 큰지 표시해 봅시다.

③ 분모가 같을 때 분수는 분자가 | 더 큰 | 분수가 더 큽니다.

④ 분자가 크면 더 많은 | 테이프 |를 사용했다는 뜻입니다.

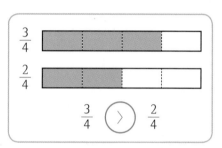

2 $\frac{1}{4}$이 몇 개 인지 살펴서 비교하여 봅시다.

① $\frac{3}{4}$은 $\frac{1}{4}$이 | 3 | 개입니다.   ② $\frac{2}{4}$는 $\frac{1}{4}$이 | 2 | 개입니다.

③ $\frac{1}{4}$이 3개는 $\frac{1}{4}$이 2개 보다 $\frac{1}{4}$의 수가 | 더 많습니다 |.

④ $\frac{1}{4}$의 수가 더 많은 분수가 | 더 큽니다 |.

3 분모가 같을 때 | 분자 | 가 크면 더 큽니다.

정리해 볼까요?

분수의 크기를 비교하는 방법

1. 그림을 그려서 크기를 비교하면 더 긴 것이 큽니다.

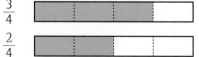

2. $\frac{1}{4}$의 수가 더 많은 분수가 | 더 큽니다 |.

3. 분모가 같을 때 | 분자가 큰 수 | 가 더 큽니다.

4. 빨간 테이프를 더 많이 사용했습니다.

첫걸음 가볍게!

✏️ 밀가루로 음식을 만들었습니다. 부침개는 $\frac{2}{5}$를 사용하고, 튀김은 $\frac{3}{5}$을 사용하였습니다. 어느 음식에 밀가루를 더 많이 사용하였는지 설명하세요.

1 그림을 이용하여 알아봅시다.

① 크기를 색칠해 나타내 봅시다.

② 길이를 비교하여 어느 쪽이 더 큰지 표시해 봅시다.

③ 분모가 같을 때 분수는 분자가 [   ] 분수가 더 큽니다.

④ 분자가 크면 더 많은 [   ] 를 사용했다는 뜻입니다.

$\frac{2}{5}$ 〔   〕

$\frac{3}{5}$ 〔   〕

$\frac{2}{5}$ ◯ $\frac{3}{5}$

2 $\frac{1}{5}$이 몇 개 인지 살펴서 비교하여 봅시다.

① $\frac{2}{5}$는 $\frac{1}{5}$이 [   ] 개입니다.　② $\frac{3}{5}$은 $\frac{1}{5}$이 [   ] 개입니다.

③ $\frac{1}{5}$이 2개는 $\frac{1}{5}$이 3개 보다 $\frac{1}{5}$의 수가 [   ] .

④ $\frac{1}{5}$의 수가 더 많은 분수가 [   ] .

3 분모가 같을 때 [   ] 가 크면 더 큽니다.

4 비교하는 방법을 설명하여 봅시다.

1. 그림을 그려서 크기를 비교하면 [   ] .

2. $\frac{1}{5}$의 수가 더 많은 분수가 [   ] .

3. 분모가 같을 때 분자가 [   ] 더 큽니다.

4. [   ] 을 만드는데 밀가루를 더 많이 사용했습니다.

한 걸음 두 걸음!

✏️ 띠골판지를 이용하여 만들기를 하였습니다. 인형을 만드는데 띠골판지의 $\frac{3}{7}$ 을 사용하고, 화분을 만드는데 $\frac{4}{7}$ 을 사용하였습니다. 어느 작품을 만드는데 띠골판지를 더 많이 사용하였는지 설명하시오.

1 그림을 이용하여 알아봅시다.

$\frac{4}{7}$ ▭▭▭▭▭▭▭

$\frac{3}{7}$ ▭▭▭▭▭▭

$\frac{4}{7}$ ◯ $\frac{3}{7}$

1) 분모가 같을 때 분수는 _____

2) 분자가 크면 _____ 뜻입니다.

2 $\frac{1}{7}$ 이 몇 개 인지 살펴서 비교하여 봅시다.

1) $\frac{4}{7}$ 는 _____

2) $\frac{3}{7}$ 은 _____

3) $\frac{1}{7}$ 의 수가 _____

3 ▭ 가 같을 때 _____

4 _____ 골판지를 더 많이 사용했습니다.

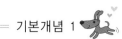

도전! 서술형!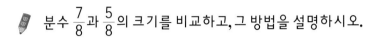

✏️ 분수 $\frac{7}{8}$ 과 $\frac{5}{8}$ 의 크기를 비교하고, 그 방법을 설명하시오.

1 그림을 이용하여 알아봅시다.

1) 분모가 같을 때 분수는 _____

2) 분자가 크면 _____

2 $\frac{1}{8}$ 이 몇 개 인지 살펴서 비교하여 봅시다.

3 ☐ 가 같을 때 _____

 **실전! 서술형!**

✏️ 분모가 같은 두 분수의 크기를 비교하고, 비교하는 방법을 설명하시오.

1 진희와 현석이는 길이가 같은 색테이프로 만들기를 하였습니다.
누가 더 많이 사용했는지 알아보고, 그 방법을 설명해 봅시다.

난 색테이프의 $\frac{5}{6}$를 사용했어.

진희

난 색테이프의 $\frac{3}{6}$을 사용했어.

현석

2 모둠별 발표자료에 현석이는 도화지의 $\frac{5}{10}$를 색칠하고, 연경이는 도화지의 $\frac{7}{10}$을 색칠하였습니다. 누가 더 많이 색칠하였는지 알아보고, 그 방법을 설명해 봅시다.

6. 분수와 소수 (기본개념 2)

개념 쏙쏙!

친구들과 같이 색도화지로 만들기를 하였습니다. 같은 크기의 색도화지 중에서 현서는 $\frac{1}{4}$을 사용하고,

서영이는 $\frac{1}{5}$을 사용하였습니다. 누가 더 많이 사용하였는지 분수의 크기 비교를 이용해서 설명하시오.

1 그림을 이용하여 알아봅시다.

① 현서와 서영이가 사용한 색종이의 크기를 색칠해 나타내 봅시다.

② 길이를 비교하여 어느 쪽이 더 큰지 표시해 보면

분자가 같을 때 [분모]가 [작은] 분수가 더 큽니다.

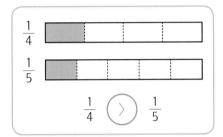

2 조각의 수로 비교하여 봅시다.

① $\frac{1}{4}$은 1개를 [4] 조각으로 똑같이 나눈 것 중 [1] 입니다.

② $\frac{1}{5}$은 1개를 [5] 조각으로 똑같이 나눈 것 중 [1] 입니다.

③ 1개를 [4] 조각으로 똑같이 나눈 것과 [5] 조각으로 똑같이 나눈 것 중 [5] 조각으로 나눈 것이

[더 작습니다] .

④ 분모가 크면 더 많은 조각을 냈다는 뜻입니다.

정리해 볼까요?

$\frac{1}{4}$과 $\frac{1}{5}$의 크기를 비교하는 방법

1. 그림을 그려서 크기를 비교하면 더 긴 것이 큽니다.

현서 $\frac{1}{4}$

서영 $\frac{1}{5}$

$\frac{1}{4}$ (>) $\frac{1}{5}$

2. 분수의 크기를 비교하는 방법

① 분자가 1인 단위분수는 분모가 더 작은 분수가 더 큽니다.

② 1개를 [4] 조각으로 똑같이 나눈 것과 [5] 조각으로 똑같이 나눈 것 중 [5] 조각으로 나눈 것이

[더 작습니다] .

3. 현서가 더 많이 사용하였습니다.

첫걸음 가볍게!

✏️ 같은 크기의 모둠별 보고서에 현진이는 $\frac{1}{5}$을 꾸미고, 서경이는 $\frac{1}{6}$을 꾸몄습니다. 누가 더 많이 꾸몄는지 분수의 크기 비교를 이용해서 설명해 봅시다.

1 그림을 이용하여 알아봅시다.

① 현진이와 서경이가 꾸민 보고서의 크기를 색칠해 나타내 봅시다.

② 길이를 비교하여 어느 쪽이 더 큰지 표시해 보면

분자가 같을 때 ◻ 가 ◻ 분수가 더 큽니다.

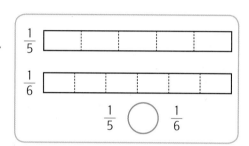

2 조각의 수로 비교하여 봅시다.

① $\frac{1}{5}$은 1개를 ◻ 조각으로 똑같이 나눈 것 중 ◻ 입니다.

② $\frac{1}{6}$은 1개를 ◻ 조각으로 똑같이 나눈 것 중 ◻ 입니다.

③ 1개를 ⎡5⎤ 조각으로 똑같이 나눈 것과 ⎡6⎤ 조각으로 똑같이 나눈 것 중 ⎡6⎤ 조각으로 나눈 것이

◻ .

④ 분모가 ⎡크면⎤ 더 많은 조각을 냈다는 뜻입니다.

3 $\frac{1}{5}$과 $\frac{1}{6}$의 크기를 비교하는 방법을 설명해 봅시다.

① 그림을 그려서 크기를 비교하면 ◻

② 분자가 1인 단위분수는 분모가 ◻

분모의 수가 크면 더 많이 조각을 냈다는 뜻이므로 크기는 ◻

4 ◻ 가 더 많이 꾸몄습니다.

한 걸음 두 걸음!

같은 동화책을 명혜는 하루에 $\frac{1}{8}$을 읽고, 명서는 $\frac{1}{5}$을 읽었습니다. 누가 하루에 더 많은 책을 읽었는지 분수의 크기 비교를 이용해서 설명하시오.

1 그림을 이용하여 알아봅시다.

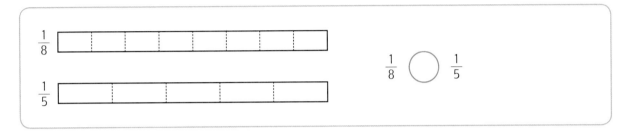

① 명혜와 명서가 읽은 책의 양을 색칠해 나타내 봅시다.

② 길이를 비교하여 어느 쪽이 더 큰지 표시해 보면 분자가 같을 때 _____

2 조각의 수로 비교하여 봅시다.

① $\frac{1}{8}$은 1개를 _____

② $\frac{1}{5}$은 1개를 _____

③ 1개를 8조각으로 똑같이 나눈 것과 5조각으로 똑같이 나눈 것 중 8조각으로 나눈 것이 _____

④ _____는 뜻입니다.

3 $\frac{1}{8}$과 $\frac{1}{5}$의 크기를 비교하는 방법을 설명해 봅시다.

① 그림을 그려서 크기를 비교하면 _____

② 분자가 1인 단위분수는 분모가 _____

분모의 수가 크면 더 많이 조각을 냈다는 뜻이므로 크기는 _____

4 _____ 가 하루에 책을 _____

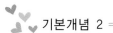

도전! 서술형!

✏️ 수연이는 하루 중 $\frac{1}{8}$ 시간은 공부를 하고, $\frac{1}{3}$ 시간은 잠을 잡니다. 공부하는 시간과 잠을 자는 시간 중 어느 활동을 많이 하는지 분수의 크기 비교를 이용하여 설명하시오.

1 그림을 이용하여 알아봅시다.

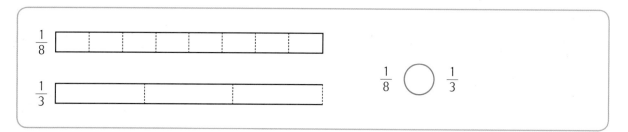

① 공부하는 시간과 잠을 자는 시간의 양을 색칠해 나타내 봅시다.

② 길이를 비교하여 어느 쪽이 더 큰지 표시해 보면

_____

2 조각의 수로 비교하여 봅시다.

① $\frac{1}{8}$ 은 하루를 _____

② $\frac{1}{3}$ 은 하루를 _____

③ 하루를 _____

④ 분모가 크면 _____

3 분수의 크기를 비교하는 방법을 설명해 봅시다.

4 _____ 을 더 많이 하였습니다.

실전! 서술형!

✏️ 분수의 크기를 비교하는 방법을 설명하시오.

1 색도화지의 $\frac{1}{2}$은 그림을 그리고, $\frac{1}{4}$은 비행기를 접었습니다. 그림을 그린 것과 비행기를 접은 종이의 양 중 어느 것이 더 많은지 그림을 그려서 비교하여 설명하시오.

2 같은 크기의 피자 중 명지는 피자의 $\frac{1}{4}$을 먹고, 다희는 $\frac{1}{8}$을 먹었습니다. 명지와 다희 중 누가 더 많은 피자를 먹었는지 조각의 수를 비교하여 설명하시오.

6. 분수와 소수 (기본개념 3)

개념 쏙쏙!

두 끈의 길이를 소수로 나타내고 크기를 비교하는 방법을 설명하시오.

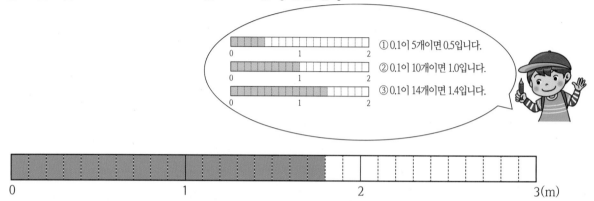

① 0.1이 5개이면 0.5입니다.

② 0.1이 10개이면 1.0입니다.

③ 0.1이 14개이면 1.4입니다.

1 파란색 끈은 0.1m가 $\boxed{18}$ 개 있습니다.

2 파란색 끈을 소수로 나타내면 $\boxed{1.8\text{m}}$ 입니다.

3 빨간색 끈은 0.1m가 $\boxed{22}$ 개 있습니다.

4 빨간색 끈을 소수로 나타내면 $\boxed{2.2\text{m}}$ 입니다.

5 소수의 크기를 비교하는 방법은 0.1이 몇 개인지 비교하여 더 많은 것이 $\boxed{\text{더 큽니다}}$.

정리해 볼까요?

소수로 나타내고 크기를 비교하는 방법을 설명하기

1. 분수의 크기를 비교하는 방법은 다음과 같습니다.

　① 0.1이 몇 개인지 세어봅니다.

　② 0.1의 개수에 따라 1개이면 0.1, 2개이면 0.2가 됩니다.

　③ 0.1의 개수가 많은 수가 더 큽니다.

2. 파란색 끈은 0.1m가 18개, 빨간색 끈은 0.1m가 22로 빨간색 끈이 더 깁니다.

　2.2가 1.8 보다 더 큽니다.

첫걸음 가볍게!

🖊 두 끈의 길이를 소수로 나타내고 크기를 비교하는 방법을 설명하시오.

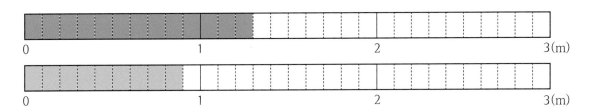

1 파란색 끈은 0.1m가 ☐ 개 있습니다.

2 파란색 끈을 소수로 나타내면 ☐ 입니다.

3 빨간색 끈은 0.1m가 ☐ 개 있습니다.

4 빨간색 끈을 소수로 나타내면 ☐ 입니다.

5 소수의 크기를 비교하는 방법은 0.1이 몇 개인지 비교하여 더 많은 것이 ☐.

6 소수로 나타내고 크기를 비교하는 방법을 설명해 봅시다.

① 소수의 크기를 비교하는 방법은 먼저 0.1이 몇 개인지 세어봅니다.

0.1의 개수에 따라 1개이면 0.1, 2개이면 0.2가 됩니다.

0.1의 개수가 ☐

② 파란색 끈은 0.1m가 ☐ 개, 빨간색 끈은 0.1m가 ☐ 로 ☐ 이 더 깁니다.

☐ 이 ☐ 보다 더 큽니다.

한 걸음 두 걸음!

준수는 파란색 끈을 사용하고, 서진이는 빨간색 끈을 사용하였습니다. 누가 더 많이 사용하였는지 소수로 나타내고 크기를 비교하는 방법을 설명하시오.

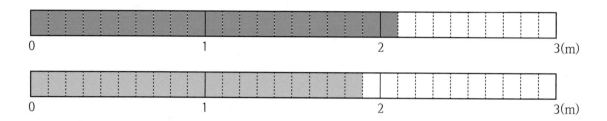

1 파란색 끈은 _____

2 파란색 끈을 소수로 나타내면 _____

3 빨간색 끈은 _____

4 빨간색 끈을 소수로 나타내면 _____

5 소수의 크기를 비교하는 방법은 _____

6 소수로 나타내고 크기를 비교하는 방법을 설명하시오.

소수의 크기를 비교하는 방법은 _____

파란색 끈은 _____

_____

도전! 서술형!

✏️ 명희는 파란색 끈을 사용하고, 수민이는 빨간색 끈을 사용하였습니다. 누가 더 많이 사용하였는지 소수로 나타내고 크기를 비교하는 방법을 설명하시오.

1 파란색 끈은 0.1인지 몇 개인지 세어보고, 소수로 나타내시오.

2 빨간색 끈은 0.1인지 몇 개인지 세어보고, 소수로 나타내시오.

3 소수의 크기를 비교하는 방법을 설명하시오.

 **실전! 서술형!**

우희는 파란색 끈을 사용하고, 가림이는 빨간색 끈을 사용하였습니다.
누가 더 많이 사용하였는지 소수로 나타내고 크기를 비교하는 방법을
설명하시오.

'기본개념'이나 '첫걸음 가볍게'를 참고하세요.

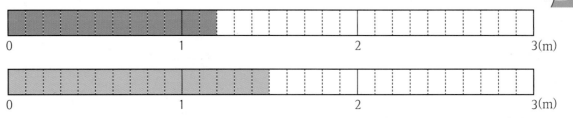

다음 소수의 크기를 비교하고, 그 방법을 설명하시오.

2.1   3.4

6. 분수와 소수 (오류유형)

개념 쏙쏙!

✎ 명주는 색칠하고 남은 부분을 다음과 같이 분수로 나타냈습니다. 잘못된 점을 이야기 하고 분수로 바르게 나타내시오.

> 문제) 그림을 보고 색칠되지 않고 남은 부분을 분수로 나타내시오.
>
>
>
> $\left(\dfrac{1}{2}\right)$

1 위 그림은 전체 ⬤ 를 똑같이 [3] 으로 나눈 것입니다.

2 색칠되지 않고 남은 칸은 몇 칸입니까? [1] 칸

3 전체를 똑같이 [3] 으로 나누고, 그 중의 [1] 을 $\dfrac{1}{3}$ 로 나타냅니다.

4 잘못된 점을 말해 봅시다.

[전체를 똑같이 몇으로 나눈 수] 가 분모가 되어야 하는데, [색칠된 칸의 수] 를 분모로 썼습니다.

정리해 볼까요?

분수를 나타내는 방법

전체를 [3] 으로 나누고, 그 중의 [1] 은 $\dfrac{1}{3}$ 이라 나타냅니다.

색칠된 부분을 분모로 하고, 색칠되지 않은 부분을 분자로 하면 안 됩니다.

첫걸음 가볍게!

✏️ 명주는 색칠하고 남은 부분을 다음과 같이 분수로 나타냈습니다. 잘못된 점을 이야기 하고 분수로 바르게 나타내시오.

> 문제) 그림을 보고 색칠되지 않고 남은 부분을 분수로 나타내시오.
>
> $\left(\dfrac{1}{3} \right)$

1 위 그림은 전체 ⬚ 를 똑같이 ⬚ 으로 나눈 것입니다.

2 색칠되지 않고 남은 칸은 몇 칸입니까? ⬚ 칸

3 전체를 똑같이 ⬚ 으로 나누고, 그 중의 ⬚ 을 $\dfrac{⬚}{⬚}$ 로 나타냅니다.

4 잘못된 점을 말해 봅시다.

⬚ 가 분모가 되어야 하는데, ⬚ 를 분모로 썼습니다.

5 분수를 나타내는 방법을 설명해 봅시다.

> 전체를 ⬚ 으로 나누고, 그 중의 1은 $\dfrac{1}{4}$ 이라 나타냅니다.
>
> 색칠된 부분을 분모로 하고, 색칠되지 않은 부분을 분자로 하면 안 됩니다.

한 걸음 두 걸음!

✎ 아래와 같이 문제를 해결한 친구가 있습니다. 잘못된 점을 이야기하고 분수로 바르게 나타내시오.

문제) 그림을 보고 색칠되지 않고 남은 부분을 분수로 나타내시오.

$\left(\dfrac{2}{4} \right)$

1 위 그림은 전체 [   ] 를 똑같이 [   ] 으로 나눈 것입니다.

2 색칠되지 않고 남은 칸은 몇 칸입니까? [   ] 칸

3 전체를 _____

으로 나타냅니다.

4 잘못된 점을 말해 봅시다.

_____

_____

5 분수를 나타내는 방법을 설명하시오.

전체를 _____

분모로 하고, _____ 을 분자로 하면 안 됩니다.

도전! 서술형!

🖊 아래와 같이 문제를 해결한 친구가 있습니다. 잘못된 점을 이야기 하고 분수로 바르게 나타내시오.

> 문제) 그림을 보고 색칠되지 않고 남은 부분을 분수로 나타내시오.
>
> $\left(\dfrac{2}{7}\right)$

1 위 그림은 전체 [ ] 를 똑같이 [ ]으로 나눈 것입니다.

2 색칠되지 않고 남은 칸은 몇 칸입니까? [ ] 칸

3 분수로 나타내어 봅시다.

4 잘못된 점을 말해 봅시다.

5 분수를 나타내는 방법을 설명해 봅시다.

실전! 서술형!

🖊 **1**, **2** 와 같이 문제를 해결하였습니다. 잘못된 점을 이야기 하고 분수로 바르게 나타내시오.

1 그림을 보고 색칠되지 않고 남은 부분을 분수로 나타내시오.

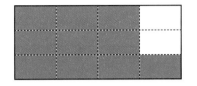

$\left(\dfrac{2}{10} \right)$

2 그림을 보고 색칠되지 않고 남은 부분을 분수로 나타내시오.

$\left(\dfrac{2}{3} \right)$

1 띠골판지를 이용하여 만들기를 하였습니다. 인형을 만드는데 띠골판지의 $\frac{5}{8}$ 을 사용하고, 받침대를 만드는데 $\frac{3}{8}$ 을 사용하였습니다. 어느 것을 만드는 데 띠골판지가 더 많이 사용되었는지 그림을 그려서 알아보고, 그 방법을 설명하시오.

1) 분모가 같을 때 분수는 _____

2) 분자가 크면 _____

3) _____ 을 만드는 데 띠골판지를 더 _____

2 같은 색도화지의 $\frac{1}{3}$ 은 그림을 그리고, $\frac{1}{6}$ 은 비행기를 접었습니다. 그림을 그린 것과 비행기를 접은 종이 중 어느 종이가 더 많이 사용되었는지를 그림을 그려서 크기를 비교하고, 분수의 크기를 비교하는 방법을 설명하시오.

3 다음 소수의 크기를 비교하고, 그 방법을 설명하시오.

> 1.9   3.5

4 아래와 같이 문제를 해결한 친구가 있습니다. 잘못된 점을 설명하고 분수로 바르게 나타내시오.

문제) 그림을 보고 색칠되지 않고 남은 부분을 분수로 나타내시오.

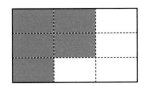

$\left(\dfrac{4}{5}\right)$

정답 및 해설

1. 덧셈과 뺄셈

7쪽

첫걸음 가볍게!

1 352 + 269

2 5, 6, 12, 3, 2, 6, 6, 2, 1, 621

3 11, 110, 500, 621, 1, 1, 621

4 621

8쪽

한 걸음 두 걸음!

1 295+376

2 11, 십모형 1개, 9, 7, 17, 백모형 1개, 2, 3, 6, 6, 7, 1, 671

3 11, 160, 500, 671, 1, 1, 671

4 671

9쪽

도전! 서술형!

1

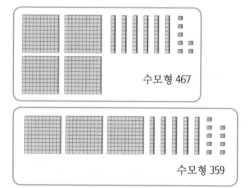

수모형 467

수모형 359

① 일 모형은 7+9 로 16개입니다.

② 일 10개는 십 모형 1개로 세어줍니다.

③ 십 모형은 6+5+1로 12개입니다.

④ 십 모형 10개는 백 모형 1개로 세어줍니다.

⑤ 백 모형은 4+3+1로 8개 입니다.

⑥ 백 8개, 십 2개, 일 6개로, 합은 826입니다.

2

① 일의 자리 2 + 9

② 십의 자리 60 + 50

③ 백의 자리 400 + 300

```
    4 6 7
  + 3 5 9
  ─────────
      1 6
    1 1 0
    7 0 0
  ─────────
    8 2 6
```

```
      1 1
    + 4 6 7
      3 5 9
    ─────────
      8 2 6
```

3 826

10쪽 **실전! 서술형!**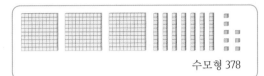

수모형 378

수모형 539

① 일 모형은 8+9 로 17입니다.

② 일 10개는 십 모형 1개로 세어줍니다.

③ 십 모형은 7+3+1로 11개입니다.

④ 십 모형 10개는 백 모형 1개로 세어줍니다.

⑤ 백 모형은 3+5+1로 9개 입니다.

⑥ 백 9개, 십 1개, 일 4개로, 합은 917입니다.

```
        3 7 8
    +   5 3 9
    ─────────
          1 7
        1 0 0
        8 0 0
    ─────────
        9 1 7
```

① 일의 자리 8 + 9   ➡

② 십의 자리 70 + 30   ➡

③ 백의 자리 300 + 500   ➡

```
         ¹ ¹
    +    3 7 8
         5 3 9
    ─────────
         9 1 7
```

12쪽 **첫걸음 가볍게!**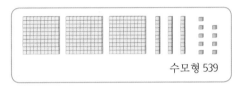

1 1) 33   2) 33, 225   3) 33, 225, 600, 825, 33, 225, 225, 825

2 1) 42   2) 525, 42   3) 525, 42, 300, 825, 525, 42, 525, 825

3 33, 33, 225, 225, 825, 42, 525, 42, 525, 825

13쪽 **한 걸음 두 걸음!**

1 1) 26   2) 261, 26   3) 26, 261, 700, 961, =674+26+261=700+261=961

2 1) 13   2) 661, 13(또는 13, 661)   3) 661, 13, 300, 961, =661+13+287=661+300=961

3 ① 26이 필요하므로 287을 26과 261로 가릅니다. 674+287은 700+261로 바꾸어 계산하면 961입니다.

　　② 13이 필요하므로 674를 661과 13으로 가릅니다. 674+287은 661+300으로 바꾸어 계산하면 961입니다.

14쪽 **도전! 서술형!**

1

349 + 496

(51) (445)

(400)

(845)

349 + 496

= 349 + 51 + 445

= 400 + 445

= 845

2

349 + 496

(345) (4)

(500)

(845)

349 + 496

= 345 + 4 + 496

= 345 + 500

= 845

3 ① 349가 400이 되려면 51이 필요하므로 496을 51과 445로 가릅니다. 349+496은 400+445로 바꾸어 계산하면 845입니다.

② 496이 500이 되려면 4가 필요하므로 349를 345와 4로 가릅니다. 349+496은 345+500으로 바꾸어 계산하면 845입니다.

15쪽 **실전! 서술형!**

1

728 + 184

(72) (112)

(800)

(912)

728 + 184

= 728 + 72 + 112

= 800 + 112

= 912

2

728 + 184

(712) (16)

(200)

(912)

728 + 184

= 712 + 16 + 184

= 712 + 200

= 912

3 ① 728이 800이 되려면 72가 필요하므로 184를 72와 112로 가릅니다. 728+184는 800+112로 바꾸어 계산하면 912입니다.

② 184가 200이 되려면 16이 필요하므로 728을 712와 16으로 가릅니다. 728+184는 712+200으로 바꾸어 계산하면 912입니다.

17쪽 **첫걸음 가볍게!**

1 463, 298, 463, 298,

2

```
          10
      3  5  10
      4  6  3
   -  2  9  8
   ─────────────
      1  6  5
```

3 463, 298, 13-8=5, 15-9=6, 3-2=1, 165

18쪽 **한 걸음 두 걸음!**

1 각 자리에 있는 두 수의 차로 구한 것, 큰 수 594에서 작은 수 327을 빼야

2
```
        8 10
    5   9   4
 -  3   2   7
 ─────────────
    2   6   7
```

3 ① 각 자리에 있는 두 수의 차로 구한 것, 594, 327

② 십의자리에서 1을 빌려와서 계산하면 14-7=7

③ 8-2=6   ④ 5-3=2   ⑤ 267

19쪽 **도전! 서술형!**

1 547에서 285를 빼야 하는데, 십의 자리를 계산하면서 십의 자리에 있는 두 수의 차로 구한 것이 잘못되었습니다.

큰 수 547에서 작은 수 285를 빼야 합니다.

2
```
      4  10
   5   4   7
 - 2   8   5
 ───────────
   2   6   2
```

3 ① 십의 자리를 계산하면서 십의 자리에 있는 두 수의 차로 구한 것이 잘못되었습니다. 큰 수 547에서 작은 수 285를 뺍니다.

② 일의 자리는 7-5=2입니다.

③ 십의 자리는 백의 자리에서 1을 빌려와서 계산하면 14-8=6입니다.

④ 백의 자리는 4-2=2입니다.

⑤ 차는 262입니다.

20쪽 **실전! 서술형!**

1 839에서 694를 빼야 하는데, 백의 자리와 십의 자리를 계산하면서 각 자리에 있는 두 수의 차로 구한 것이 잘못되었습니다.

큰 수 839에서 작은 수 694를 빼야 합니다.

2

```
    8 3 9              7 10
  - 6 9 4            8 3 9
  ───────    →     - 6 9 4
    2 6 5           ───────
                      1 4 5
```

3 ① 백의 자리와 십의 자리를 계산하면서 각 자리에 있는 두 수의 차로 구한 것이 잘못되었습니다.

  큰 수 837에서 작은 수 694를 빼야 합니다.

② 일의 자리는 9-4=5입니다.

③ 십의 자리는 백의 자리에서 1을 빌려와서 계산하면 13-9=4입니다.

④ 백의 자리는 7-6=1입니다.

⑤ 차는 145입니다.

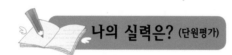

21쪽

1 ① 7+5로 12개입니다.

② 일 10개는 십 모형 1개로 세어줍니다.

③ 십 모형은 8+8+1로 17입니다.

④ 십 모형 10개는 백 모형 1개로 세어줍니다.

⑤ 백 모형은 3+2+1로 6입니다.

⑥ 백 6, 십 7, 일 2로, 합은 672입니다.

2

```
                    3 6 5
                  + 2 9 7
① 일의 자리  5+7      ───────              1   1
                      1 2            +  3 6 5
② 십의 자리  60+90    1 5 0               2 9 7
                                      ───────
③ 백의 자리 300+200   5 0 0              6 6 2
                    ───────
                      6 6 2
```

① 같은 자리끼리 더합니다.

② 일는 12입니다.(또는 일는 5+7=12입니다)

③ 일 10은 십의 자리 1로 올려줍니다.

④ 십의 자리는 6+9+1로 16입니다.

⑤ 십의 자리 10은 백의 자리 1로 올려줍니다.

⑥ 백의 자리는 3+2+1로 6입니다.

⑦ 백 6, 십 6, 일 2로, 합은 662입니다.

3 22, 434, 300, 434, 734, 22, 434, 434, 734

22, 22, 434, 278+456은 300+434로 바꾸어 계산하면 734입니다.

4 647에서 289를 빼야 하는데, 백의 자리와 십의 자리, 일의 자리를 계산하면서 각 자리에 있는 두 수의 차로 구한 것이 잘못되었습니다.

큰 수 647에서 작은 수 289를 빼야 합니다.

```
  6 4 7              5 10
- 2 8 9         →       3 10
───────            6 4 7
  4 4 2          - 2 8 9
                 ───────
                   3 5 8
```

① 백의 자리와 십의 자리, 일의 자리를 계산하면서 각 자리에 있는 두 수의 차로 구한 것이 잘못되었습니다.

큰 수 647에서 작은 수 289를 빼야 합니다.

② 일의 자리는 십의 자리에서 1을 빌려와서 계산하면 17-9=8입니다.

③ 십의 자리는 백의 자리에서 1을 빌려와서 계산하면 13-8=5입니다.

④ 백의 자리는 5-2=3입니다.

⑤ 차는 358입니다.

2. 평면도형과 평면도형의 이동

25쪽 **첫걸음 가볍게!**

1 직각

2 가, 다, 라, 마

3 다, 마

4 다, 마/ 다, 마/ 네 변/ 직각

26쪽 **한 걸음 두 걸음!**

1 네 각이 모두 직각, 네 변의 길이가 모두 같은

2 가, 나, 라

3 가, 라

4 직각, 길이가 같은, 라

5 라

6 라 도형, 라, 네 각이 모두 직각이고, 네 변의 길이가 같은 사각형

27쪽 **도전! 서술형!**

1 네 각이 모두 직각이고, 네 변은 길이가 모두 같은 사각형을 말합니다.

2 네 변을 가지고 있는 도형은 가, 나, 다, 마.

3 모두 직각인 도형은 나, 다, 마.

4 길이가 같은 사각형은 마.

5 모두 직각, 길이가 같은 사각형, 마.

6 마, 마 도형은 네 각이 모두 직각이고, 네 변의 길이가 같은 사각형

28쪽 **실전! 서술형!**

1 직사각형은 나, 라 도형입니다. 왜냐하면 나, 라 도형은 네 각이 모두 직각인 사각형이기 때문입니다.

2 정사각형은 라 도형입니다. 왜냐하면 라 도형은 네 각이 모두 직각이고, 네 변의 길이가 같은 사각형이기 때문입니다.

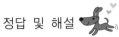

첫걸음 가볍게!

30쪽

1 3, 3, 1

2

	가 도형	나 도형	다 도형	라 도형
꼭짓점의 수	3	3	0	3
변의 수	3	3	0	3
직각의 수	0	1	0	0

3 나

4 직각, 직각삼각형, 가, 나, 라, 나, 직각, 나

한 걸음 두 걸음!

31쪽

1 1) 꼭지점이 3개 있습니다.   2) 변이 3개 있습니다.   3) 직각이 1개 있습니다.

2

	가 도형	나 도형	다 도형	라 도형	마 도형
꼭짓점의 수	4	3	3	3	3
변의 수	4	3	3	3	3
직각의 수	4	0	1	0	1

3 다, 마

4 한 각이 직각인 삼각형이 직각삼각형입니다. 나,다,라,마 도형은 삼각형입니다. 그 중 다, 마 도형은 직각이 1개 있습니다.

직각삼각형은 다, 마 도형입니다. (또는 직각삼각형은 다, 마 도형입니다. 왜냐하면 다, 마 도형은 꼭짓점이 3개이고, 변이 3개이고,

직각이 1개인 삼각형이기 때문입니다.)

도전! 서술형!

32쪽

1 1) 직각삼각형에는 꼭지점이 3개 있습니다.   2) 직각삼각형에는 변이 3개 있습니다.   3) 직각삼각형에는 직각이 1개 있습니다.

2

	가 도형	나 도형	다 도형	라 도형	마 도형
꼭짓점의 수	3	3	3	3	3
변의 수	3	3	3	3	3
직각의 수	0	0	1	0	1

3 가, 나, 라

4 한 각이 직각인 삼각형이 직각삼각형입니다. 가, 나, 라 도형은 직각삼각형이 아닙니다.

왜냐하면 가, 나, 라 도형에는 직각이 1개도 없기 때문입니다. (또는 직각삼각형이 아닌 도형은 가, 나, 라 도형입니다. 왜냐하면 직각

삼각형은 꼭지점이 3개이고, 변이 3개이고, 직각이 1개인 삼각형이기 때문입니다.)

33쪽 **실전! 서술형!**

1 한 각이 직각인 삼각형이 직각삼각형입니다. 나, 다, 마 도형은 삼각형입니다. 그 중 다, 마 도형은 직각이 1개 있습니다.

직각삼각형은 다, 마 도형입니다. (또는 직각삼각형은 다, 마 도형입니다. 왜냐하면 다, 마 도형은 꼭지점이 3개이고, 변이 3개이고,

직각이 1개인 삼각형이기 때문입니다.)

2 한 각이 직각인 삼각형이 직각삼각형입니다. 가, 다, 마 도형은 직각삼각형이 아닙니다. 왜냐하면 다, 마 도형은 삼각형이 아니고,

가 도형에는 삼각형이지만, 직각이 1개도 없기 때문입니다. (또는 직각삼각형이 아닌 도형은 가, 다, 마 도형입니다.

왜냐하면 직각삼각형은 꼭지점이 3개이고, 변이 3개이고, 직각이 1개인 삼각형이기 때문입니다.)

35쪽 **첫걸음 가볍게!**

1 모양, 같습니다.

2 크기, 바뀌지 않습니다.

3 위, 아래, 같습니다.

4 오른쪽, 왼쪽, 다릅니다.

5 크기, 오른쪽, 왼쪽, 방향

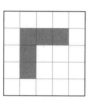

36쪽 **한 걸음 두 걸음!**

1 모양, 같습니다.

2 크기, 바뀌지 않습니다.

3 위, 아래, 다릅니다.

4 오른쪽과 왼쪽, 같습니다.

5 크기는 바뀌지 않습니다. 위쪽이 아래쪽으로 아래쪽이 위쪽으로 방향이 바뀌게 됩니다.

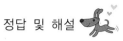

37쪽 **도전! 서술형!**

1 모양, 모양, 같습니다.

2 크기, 바뀌지 않습니다.

3 위, 아래, 다릅니다.

4 오른쪽과 왼쪽, 같습니다.

5 도형을 위로 뒤집으면 크기는 바뀌지 않습니다. 도형을 위로 뒤집으면 위쪽이 아래쪽으로 아래쪽이 위쪽으로 방향이 바뀌게 됩니다.

38쪽 **실전! 서술형!**

1 도형을 오른쪽으로 뒤집으면 크기는 바뀌지 않습니다.

도형을 오른쪽으로 뒤집으면 기본 도형의 왼쪽이 오른쪽으로, 오른쪽이 왼쪽으로 방향이 바뀌게 됩니다.

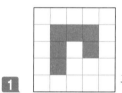

2 도형을 위로 뒤집으면 크기는 바뀌지 않습니다.

도형을 위로 뒤집으면 위쪽이 아래쪽으로 아래쪽이 위쪽으로 방향이 바뀌게 됩니다.

40쪽 **첫걸음 가볍게!**

1 아래, 왼쪽

40쪽 **한 걸음 두 걸음!**

1   　　**2** 아래, 오른쪽 　　**3** 왼쪽, 아래

(2, 3번이 바뀌어도 된다. 위로, 오른쪽 또는 위로 왼쪽 이라고 해도 된다.)

41쪽 **도전! 서술형!**

1 ◔ 하여 ◼ 모양을 만들었습니다.

2 ◔ 하여 ◼ 모양을 만들었습니다.

3 ◔ 하여 ◼ 모양을 만들었습니다.

41쪽 **실전! 서술형!**

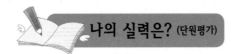

(옆쪽으로 본 경우) ◼ 모양을 옆으로 뒤집기 하여 ◼ 모양을 만들었습니다. ◼ 모양을 다시 뒤집기 하여 ◼ 모양을 만들었습니다.
다시 ◼ 모양을 뒤집기 하여 ◼ 모양을 만들었습니다. (또는 ◼ 모양을 옆으로 뒤집기를 반복하며 모양을 만들었습니다.)
(아래로 아래로 본 경우) ◼ 모양을 아래로 뒤집고, 오른쪽으로 뒤집어 ◼ 를 만들었습니다.
◼ 를 옆으로 뒤집기하여 ◼ 를 만들었습니다.

나의 실력은? (단원평가)

43쪽

1 나, 마

나, 마 도형은 네 각이 모두 직각이기 때문입니다.

2 직각삼각형이 아닌 도형은 나, 다입니다. 직각삼각형은 꼭지점이 3개, 변이 3개인 삼각형 중에 직각이 1개인 삼각형이기 때문입니다.

나는 삼각형이지만 직각이 없고, 다는 삼각형이 아닙니다.

3 크기는 바뀌지 않습니다. 왼쪽과 오른쪽은 바뀌지 않고, 위와 아래가 서로 바뀝니다.

4

◼ 모양을 ◔ 하여 ◼ 모양을 만들었습니다. (또는 ◼ 모양을 ◔ → ◔ → ◔ 하여 ✦ 모양을 만들었습니다.

3. 나눗셈

47쪽 **첫걸음 가볍게!**

1

3, 6, 6

2 6, 6

3 6, 6

47쪽 **한 걸음 두 걸음!**

1 , 4개씩 묶으면 6묶음으로, 6

2 4를 6번 뺄 수 있으므로, 6

3 24÷4=6, 6

48쪽 **도전! 서술형!**

1 12자루를 4자루씩 묶으면 3묶음으로 3명에게 나누어 줄 수 있습니다.

2 12-4-4-4=0, 12에서 4를 3번 뺄 수 있으므로 3명에게 나누어 줄 수 있습니다.

3 12÷4=3, 3명에게 나누어 줄 수 있습니다.

48쪽 **실전! 서술형!**

1

20개를 5개씩 묶으면 4묶음으로 4명에게 나누어 줄 수 있습니다.

2 20-5-5-5-5=0, 20에서 5를 4번 뺄 수 있으므로 4명에게 나누어 줄 수 있습니다.

3 20÷5=4, 4명에게 나누어 줄 수 있습니다.

50쪽 **첫걸음 가볍게!**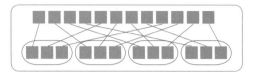

1

3

2 4, 12　① 4, 4, 12　② 4, 3, 3　　　　**3**　12 ÷ 4 = 3, 3

4　① 나누는 수 4를 보고 4단을 살펴봅니다.

　② 4×3=12입니다.

　③ 한 사람에게 3장씩 나누어 줄 수 있습니다.

51쪽 **한 걸음 두 걸음!**

1　3,

사탕 15개를 한 사람에게 3개씩

2　나누는 수 3이 들어가 있는 구구단, 15　① 나누는 수 3, 3단, 15　② 3×5=15, 5개

3　15÷3 = 5, 5개씩

4　① 나누는 수 3을 보고 3단을 살펴봅니다.

　② 3×5=15입니다.

　③ 한 사람에게 5개씩 나누어 줄 수 있습니다.

52쪽 **도전! 서술형!**

1

클립 20개를 한 사람에게 5개씩 나누어 주게 됩니다.

2

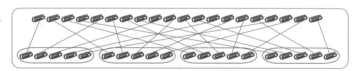

| 4 × 1 = 4 |
| 4 × 2 = 8 |
| 4 × 3 = 12 |
| 4 × 4 = 16 |
| 4 × 5 = 20 |

　① 나누는 수 4를 보고 곱셈구구 4단에서 어떤 수와 곱하여 20이 되는지 알아봅니다.

　② 4×5는 20입니다. 한 사람에게 5개씩 나누어 줄 수 있습니다.

3 20÷4=5, 한 사람에게 5개씩 나누어 줄 수 있습니다.

4 ① 나누는 수 4를 보고 4단을 살펴봅니다.

② 4×5=20입니다.

③ 한 사람에게 5개씩 나누어 줄 수 있습니다.

53쪽 **실전! 서술형!**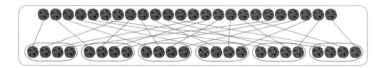

쿠키 24개를 (6명에게 똑같이 나누어 주면) 한 사람에게 4개씩 나누어 주게 됩니다.

$3 \times 1 = 3$
$3 \times 2 = 6$
$3 \times 3 = 9$
$3 \times 4 = 12$
$3 \times 5 = 15$
$3 \times 6 = 18$

나누는 수 3을 보고 3단에서 어떤 수와 곱하여 18이 되는지 알아봅니다.

3×6=18입니다. 한 사람에게 6권씩 나누어 줄 수 있습니다.

55쪽 **첫걸음 가볍게!**

1 ② 나누어지는 수 43   **2** 몫, 5, 6

3
```
      5
  8 ) 4 3
      4 0
        3
```

56쪽 **한 걸음 두 걸음!**

1 ① 54   ② 나누어지는 수 54, 56   ③ 54-56

2 ① 7×7=49를 이용하여 몫을 7로 해야 하는데, 8

3
```
      7
  7 ) 5 4
      4 9
        5
```

도전! 서술형!

1 ① 나머지는 나누는 수보다 작아야합니다.

② 위의 나머지 7은 나누는 수 6보다 크기 때문에 잘못 되었습니다.

2 ① 위 나눗셈은 6×8=48을 이용하여 몫을 8로 해야 하는데, 몫을 7로 잘못 정하였습니다.

3

```
      8
  6 ) 4 9
      4 8
      ───
        1
```

실전! 서술형!

```
      6
  8 ) 4 9
      4 8
      ───
        1
```

나머지는 나누는 수보다 작아야 합니다. 위의 나머지 9는 나누는 수 8보다 크기 때문에 잘못 되었습니다. 위 나눗셈은 8×6=48을 이용하여 몫을 6으로 해야 하는데, 몫을 5로 잘못 정하였습니다.

```
      7
  9 ) 7 1
      6 3
      ───
        8
```

나누어지는 수 71보다 클 수 없습니다. 나누어지는 수 71보다 72가 크기 때문에 잘못 되었습니다. 71-72에서 잘못을 깨닫지 못하고 두 수의 차로 구한 것이 잘못 되었습니다. 위 나눗셈은 9×7=63을 이용하여 몫을 7로 해야 하는데, 몫을 8로 잘못 정하였습니다.

첫걸음 가볍게!

8, 1, 8	4, 2, 4	2, 3, 2,	2, 4, 2, 0	1, 5, 1, 3	1, 6, 1, 2
1, 7, 1, 1	1, 8, 1	① 8, 4, 2	② 3, 5, 6, 7		

한 걸음 두 걸음!

9, 1개씩 9명에게	2개씩 4명에게, 1	3개씩 3명에게	4개씩 2명에게, 1	5개씩 1명에게, 4	6개씩 1명에게, 3
7개씩 1명에게, 2	8개씩 1명에게, 1	9개씩 1명에게, 0			

① 9개를 남는 것이 없이 똑같이 나누어 주는 방법은 1개씩 9명, 3개씩 3명에게, 9개씩 1명에게

② 9개를 2개, 4개, 5개, 6개, 7개, 8개씩 똑같이 나누어 주면

62쪽 **도전! 서술형!**

- 10 ÷ 1   1개씩 10명에게 똑같이 나누어 줄 수 있습니다.
- 10 ÷ 2   2개씩 5명에게 똑같이 나누어 줄 수 있습니다.
- 10 ÷ 3   3개씩 3명에게 똑같이 나누어 주고, 1개 남습니다.
- 10 ÷ 4   4개씩 2명에게 똑같이 나누어 주고, 2개 남습니다.
- 10 ÷ 5   5개씩 2명에게 똑같이 나누어 줄 수 있습니다.
- 10 ÷ 6   6개씩 1명에게 똑같이 나누어 주고, 4개 남습니다.
- 10 ÷ 7   7개씩 1명에게 똑같이 나누어 주고, 3개 남습니다.
- 10 ÷ 8   8개씩 1명에게 똑같이 나누어 주고, 2개 남습니다.
- 10 ÷ 9   9개씩 1명에게 똑같이 나누어 주고, 1개 남습니다.
- 10 ÷ 10   10개씩 1명에게 똑같이 나누어 줄 수 있습니다.

① 10개를 남는 것이 없이 똑같이 나누어 주는 방법은 1개씩 10명, 2개씩 5명에게, 5개씩 2명, 10개씩 1명에게 나누어 줄 수 있습니다.

② 10개를 3개, 4개, 6개, 7개, 8개, 9개씩 똑같이 나누어 주면 남는 것이 생깁니다.

63쪽 **실전! 서술형!**

- 12 ÷ 1   1개씩 10명에게 똑같이 나누어 줄 수 있습니다.
- 12 ÷ 2   2개씩 6명에게 똑같이 나누어 줄 수 있습니다.
- 12 ÷ 3   3개씩 4명에게 똑같이 나누어 줄 수 있습니다.
- 12 ÷ 4   4개씩 3명에게 똑같이 나누어 줄 수 있습니다.
- 12 ÷ 5   5개씩 2명에게 똑같이 나누어 주고, 2개 남습니다.
- 12 ÷ 6   6개씩 2명에게 똑같이 나누어 줄 수 있습니다.
- 12 ÷ 7   7개씩 1명에게 똑같이 나누어 주고, 5개 남습니다.
- 12 ÷ 8   8개씩 1명에게 똑같이 나누어 주고, 4개 남습니다.
- 12 ÷ 9   9개씩 1명에게 똑같이 나누어 주고, 3개 남습니다.
- 12 ÷ 10   10개씩 1명에게 똑같이 나누어 주고, 2개 남습니다.
- 12 ÷ 11   11개씩 1명에게 똑같이 나누어 주고, 1개 남습니다.
- 12 ÷ 12   12개씩 1명에게 똑같이 나누어 줄 수 있습니다.

① 12개를 남는 것이 없이 똑같이 나누어 주는 방법은 1개씩 12명, 2개씩 6명에게, 3개씩 4명, 4개씩 3명, 6개씩 2명, 12개씩 1명에게 나누어 줄 수 있습니다.

② 12개를 5개, 7개, 8개, 9개, 10개, 11개씩 똑같이 나누어 주면 남는 것이 생깁니다.

나의 실력은? (단원평가)

64쪽

1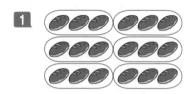

18개를 3개씩 묶으면 6묶음으로 6명에게 나누어 줄 수 있습니다.

2

$$4 \times 1 = 4$$
$$4 \times 2 = 8$$
$$4 \times 3 = 12$$
$$4 \times 4 = 16$$

① 나누는 수 4를 보고 곱셈구구 4단에서 어떤 수와 곱하여 12가 되는지 알아봅니다.

② 4×3=12 입니다. 한 사람에게 3자루씩 나누어 줄 수 있습니다.

3
```
      5
  8 ) 4 7
      4 0
      ───
        7
```

나누어지는 수 47보다 클 수 없습니다. 나누어지는 수 47보다 48이 크기 때문에 잘못 되었습니다. 47-48에서 잘못을 깨닫지 못하고 두 수의 차로 구한 것이 잘못 되었습니다. 위 나눗셈은 8×5=40을 이용하여 몫을 5로 해야 하는데, 몫을 6으로 잘못 정하였습니다.

4 • 6 ÷ 1   1개씩 6명에게 똑같이 나누어 줄 수 있습니다.

• 6 ÷ 2   2개씩 3명에게 똑같이 나누어 줄 수 있습니다.

• 6 ÷ 3   3개씩 2명에게 똑같이 나누어 줄 수 있습니다.

• 6 ÷ 4   4개씩 1명에게 똑같이 나누어 주고, 2개 남습니다.

• 6 ÷ 5   5개씩 1명에게 똑같이 나누어 주고, 1개 남습니다.

• 6 ÷ 6   6개씩 1명에게 똑같이 나누어 줄 수 있습니다.

① 6개를 남는 것이 없이 똑같이 나누어 주는 방법은 1개씩 6명, 2개씩 3명에게, 3개씩 2명, 6개씩 1명에게 나누어 줄 수 있습니다.

② 6개를 4개나 5개로 똑같이 나누어 주면 남는 것이 생깁니다.

4. 곱셈

첫걸음 가볍게!

1 2

2 13+13

3 1×2, 2, 20, 3×2, 6, 6, 26

4 6, 20, 6, 20, 26, 26

5 13, 2, 2, 3×2, 6, 1×2, 2, 26

한 걸음 두 걸음!

1 23, 3

2 23, 3, 23+23+23

3 2×3, 6, 60

3×3, 9, 9

69

4 9, 60, 9, 60, 69, 69

5 23, 3, 각각의 자릿값에 3을 곱합니다. 3×3으로 9개이므로 9입니다. 2×3으로 60이므로, 69

도전! 서술형!

1 41이 2번 있다.

2 41, 2, 덧셈으로 표현하면 41+41

3 십 모형은 4×2로 8개이므로 80입니다.

일 모형은 1×2으로 2개이므로 2입니다.

모두 82입니다.

4 2, 80, 2, 80, 82, 82

5 41이 2번이므로, 각각의 자릿값에 2를 곱합니다.

일의 자리는 1×2로 2이고, 십의 자리는 4×2로 8이므로 답은 82입니다.

실전! 서술형!

십 모형은 2×2로 4이므로 40입니다.

일 모형은 4×2로 8이므로 8입니다.

모두 48입니다.

```
    3 4
  ×   2
    ─────
      8
```

① 일의 자리 4 × 2 →

② 십의 자리 30 × 2 →

```
    3 4
  ×   2
    ─────
      8
    6 0
    ─────
    6 8
```

```
    3 4
  ×   2
    ─────
    6 8
```

34 × 2는 34가 2번이므로, 각각의 자릿값에 2를 곱합니다.

일의 자리는 4×2로 8이고,

십의 자리는 3×2로 6이므로 답은 68입니다.

첫걸음 가볍게!

1 2

2 ① 76, 더하면, 76 ② 60, 16, 76, 30, 2, 60, 2, 16, 76

3 16, 60, 16, 60, 76, 1, 76

4 8×2, 16, 10, 십, 6, 3×2, 7, 76

한 걸음 두 걸음!

1 3번 있다

2 ① 57, 19를 3번 더하면, 57 ② 10+10+10+9+9+9=30+27=57, 30, 9를 3번 더하면 27, 57

3 27, 30, 27, 30, 57, 2, 5, 7

4 9×3, 27, 20, 십의 자리, 7, 1×3, 일의 자리에서 올라온 2를, 5, 57

도전! 서술형!

1 ① 26+26+26=78   26을 3번 더하면 78이 됩니다.

② 20+20+20+6+6+6=60+18=78   20을 3번 더하면 60이고, 6을 3번 더하면 18입니다. 모두 78이 됩니다.

2 18, 60, 18, 60, 78, 1, 78

일의 자리는 6×3으로 18이고, 10은 십의 자리에 1로 올려주면 8입니다.

십의 자리는 6×3이고, 일의 자리에서 올라온 1을 더하면 7입니다. 답은 78입니다.

77쪽

실전! 서술형!

1 17×5는 17이 5번 있다는 뜻입니다.

2 ① 17을 5번 더해 알아보면, 17+17+17+17+17=85, 17을 5번 더하면 85가 됩니다.

② 17을 10과 7로 가르기 하여 더해 보면, 10+10+10+10+10+7+7+7+7+7=50+35=85, 10을 5번 더하면 50이고, 7을 5번 더하면 35입니다.

모두 85입니다.

3

```
              1 7
        ×       5           3
① 일의 자리  7×5  ⇒   3 5        1 7
② 십의 자리 10×5  ⇒   5 0    ×     5
                     8 5        8 5
```

17×5는 17이 5번이므로, 각각의 자릿값에 5를 곱합니다.

일의 자리는 7×5로 35이고, 30은 십의 자리 3으로 올려주면, 5입니다.

십의 자리는 1×5로 5이고, 일의 자리에서 올라온 3을 더하면 8입니다. 답은 85입니다.

(2, 3번 중 한 가지 방법으로 해결하여도 정답으로 한다.)

79쪽

첫걸음 가볍게!

1 3×2로 6개, 4×2로 8개, 68

2 ①14 ②4×2=8 ③3×2는, 6개로 60, 60을 6으로

3

```
    3 4
  ×   2
      8
    6 0
    6 8
```

80쪽

한 걸음 두 걸음!

1
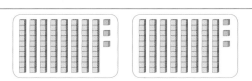

십 모형은 8×2로 16개 입니다. 160을 뜻합니다.

일 모형은 3×6로 6개 입니다. 모두 166입니다.

2 ① 83을 2번 더한다, 22

② 3×2=6으로 바르게 계산했습니다.

③ 8×2=16은 십 모형 16개로 160입니다. 160을 16으로 잘못 썼습니다.

3
```
      8 3
  ×     2
  ───────
        6
  1 6 0
  ───────
  1 6 6
```

81쪽

도전! 서술형!

1

십 모형은 4×3로 12개 입니다. 120을 뜻합니다.

일 모형은 3×3로 9개 입니다. 모두 129입니다.

2 ① 43×3은 43을 3번 더한다는 뜻으로 21이 될 수 없습니다.

② 십의 자리 4×3=12는 120을 뜻합니다. 자릿값을 생각하지 않고 120을 12로 잘못 썼습니다.

③ 9+120=129입니다.

3
```
      4 3
  ×     3
  ───────
        9
  1 2 0
  ───────
  1 2 9
```

82쪽

실전! 서술형!

```
      2 8
  ×     4
  ───────
      3 2
      8 0
  ───────
  1 1 2
```

① 28×4는 28을 4번 더한다는 뜻으로 40이 될 수 없습니다.

② 십의 자리는 2×4=8은 80을 뜻합니다.

　자릿값을 생각하지 않고 80을 8로 잘못 썼습니다.

③ 32+80=112입니다.

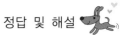

```
      6 3
×       2
          6
  1 2 0
  1 2 6
```

① 63×2는 63을 2번 더한다는 뜻으로 18이 될 수 없습니다.

② 십의 자리는 6×2=12는 120을 뜻합니다.

　　자릿값을 생각하지 않고 120을 12로 잘못 썼습니다.

③ 6+120=128입니다.

83쪽 **Jumping Up! 창의성!**

② 1배+2배　　③ 21+42, 63

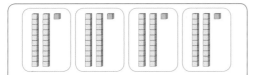 **나의 실력은? (단원평가)**

84쪽

1

십 모형은 2×4로 8개 입니다. 80을 뜻합니다.

일 모형은 1×4로 4개 입니다. 모두 84입니다.

2

```
            3 2
×            3
            6          3 2
          9 0      ×    3
          9 6          9 6
```

① 일의 자리　2×3　→

② 십의 자리　30×3　→

32×3은 32가 3번이므로, 각각의 자릿값에 3을 곱합니다.

일의 자리는 2×3으로 6입니다.

십의 자리는 3×3으로 9입니다.

3　② 43×3은 43을 3번 더해진다는 뜻입니다. 40과 3으로 가르기 하여 더해보면,

40+40+40+3+3+3=120+9=129

40을 3번 더하면 120이고, 3을 3번 더하면 9입니다. 모두 129입니다.

```
      2 7
  ×     5
  ─────────
      3 5
  1 0 0
  ─────────
  1 3 5
```

① 27×5는 27을 5번 더한다는 뜻으로 45가 될 수 없습니다.

② 십의 자리는 2×5=10은 100을 뜻합니다.

   자릿값을 생각하지 않고 100을 10으로 잘못 썼습니다.

③ 35+100=135입니다.

5. 시간과 길이

90쪽 **첫걸음 가볍게!**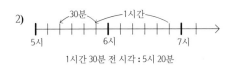

1 5시 35분-12분 30초

2 1) 12, 5, 23 2) 5,22,30 3) 5, 22, 30

3 5, 22, 30

4 5, 22, 30, 5, 22, 30

91쪽 **한 걸음 두 걸음!**

1 3시 30분+14분 40초

2 1) 14, 3, 44   2) 3, 44, 40   3) 3, 44, 40

3 3, 44, 40

4 ② 0+40초=40초   ③ 30+40=44분   ④ 3, 44, 40

92쪽 **도전! 서술형!**

1 6시 50분-1시간 30분

2 1)

```
        ┌─── 1시간 ───┐
   ├─┼─┼─┼─┼─┼─┼─┼─┼─┼─┼─┼─►
  5시      6시      7시
```
1시간 전 시각 : 5시 50분

2)
```
    ┌─30분─┐┌─── 1시간 ───┐
   ├─┼─┼─┼─┼─┼─┼─┼─┼─┼─┼─┼─►
  5시      6시      7시
```
1시간 30분 전 시각 : 5시 20분

* 1), 2) 모두 시작점은 어디서 시작하든지 상관이 없다. 6시 50분부터 6칸(60분, 즉 1시간)을 이동한 후 3칸(30분)을 더 거꾸로 이동하면 된다.

3) 5, 20

3 6시 50분-1시간 30분=5시 20분

4 5, 20,   ② 6시-1시간=5시입니다.   ③ 50분-30분=20분   ④ 5, 20

실전! 서술형!

 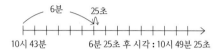

1칸을 1분(60초)라고 합니다. 먼저 6분을 이동합니다. 다음으로 25초를 더 이동합니다.

식으로 나타내면 10시 43분+6분 25초=10시 49분 25초입니다. (세로 덧셈식으로 해도 된다.)

시간의 덧셈식 방법은 다음과 같습니다.

① 같은 단위끼리 더합니다.

② 초 단위는 0초+25초=25초 입니다.

③ 분 단위는 43분+6분=49분 입니다.

④ 도혜가 달리기를 마친 시각은 10시 49분 25초 입니다.

* 수직선의 시작점은 어디서 시작하든지 상관이 없다. 10시 43분부터 6칸(6분)을 이동한 후 반칸 되지 않게 (25초)를 앞으로 이동하면 된다.

설명은 위 것을 참고하여 내용이 일치하면 정답이다.

1칸을 1분(60초)라고 합니다. 먼저 6분을 이동합니다. 다음으로 30초를 더 이동합니다.

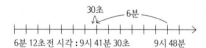

식으로 나타내면 9시 48분−6분 30초=9시 41분 30초입니다. (세로 뺄셈식으로 해도 된다.)

시간의 뺄셈식 방법은 다음과 같습니다.

① 같은 단위끼리 뺍니다.

② 초 단위는 48분에서 1분을 받아 내린 후 1분=60초로 바꾸어 60−30=30(초)입니다.

③ 분 단위는 47분−6분=41분 입니다

④ 주영이가 달리기를 시작한 시각은 9시 41분 30초입니다.

* 수직선에서 시작점은 어디서 시작하든지 상관이 없다. 9시 48분부터 6칸(6분)을 이동한 후 1칸의 절반만큼(30초)을 더 거꾸로 이동하면 된다.

96쪽 **첫걸음 가볍게 !**

1 지리산 노고단을 오르는 방법 중 더 가까운 코스를 찾는 것.

2 만복대-성삼재-노고단 코스 : 7km 800m, 화엄사 - 노고단코스 : 7km 100m

3

만복대 코스

화엄사 코스

* 화살표가 두 번에 나뉘어 가지 않고, 바로 7km 800m, 7km 100m 있어도 된다.

　2) ① 화엄사 　② 화엄사, 더 가까이(또는 만복대, 더 멀리) 　③ 만복대, 화엄사

4 1) 7, 7 　2) 800, 100 　3) 화엄사 　4) m단위의 수를 비교했을 때 더 작기 때문입니다.

5 1) 화엄사 　① 화엄사 　② 만복대, 화엄사

　2) 7, 800, 7, 100 　② 화엄사 코스 수 　③ 멀리 있습니다.

98쪽 **한 걸음 두 걸음!**

1 1)

박물관

미술관

*화살표가 두 번에 나뉘어 가지 않고, 바로 1km 650m 있어도 된다.

　2) ① 미술관 　② 미술관이 더 멀리 　③ 1km를 기준으로, 박물관, 미술관

2 1) 1km=1000m 　① 박물관, 985 　② 미술관, 1, 650, 1650

　2) 985, 1650, 1650이 더 큽니다.

　3) 미술관

　　0을 기준으로 더 멀기 (또는 1km 기준으로 박물관은 1km가 안되고, 미술관은 1km가 넘기)

　　(두 까닭 중 한 가지를 써도 되고, 둘 다 써도 된다.)

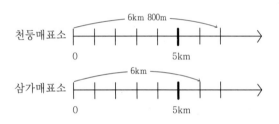

도전! 서술형!

1 민희네 집 [수직선: 0 ─ 1km ─ 2km, 1850m]

종수네 집 [수직선: 0 ─ 1km ─ 2km, 2km, 150m] 종수네 집이

2 1km=1000m ① 민희네 집, 1850 ② 종수네 집, 2, 150, 2150

종수네 집이

3 1) ① 0을 기준으로 종수네 집이 더 멀리 있습니다. ② 2km를 기준으로 민희네 집은 2km 안 되고, 종수네 집은 2km를 넘기 때문입니다.

2) 같은 단위, 민희네 집은 1850m, 종수네 집은 2150m입니다. 두 수를 비교하면 2150이 큽니다. 종수네 집이 더 멀리 있습니다.

실전! 서술형!

1

천둥매표소 [수직선: 0 ─ 5km, 6km 800m]

삼가매표소 [수직선: 0 ─ 5km, 6km]

① 1km=1000m 천둥매표소-비로봉 코스는 6km 800m=6800m, 삼가매표소-비로봉 코스는 6km=6000m입니다. 두 수 6800과 6000을 비교하면 6800이 큽니다. 천둥매표소-비로봉 코스가 더 멉니다.

② 천둥매표소-비로봉 코스는 6km 800m로 6km하고 800m가 더 있고, 삼가매표소-비로봉 코스는 6km이기 때문에 천둥매표소-비로봉 코스가 800m 더 멉니다.

* 수직선으로 나타내어 비교해도 좋다. ①과 ② 중 1가지로 표현하면 된다.

2 ① 1km=1000m 진경이네 집은 1km 80m=1080m, 보라네 집은 850m입니다. 두 수 1080과 850을 비교하면 1050이 큽니다. 진경이네 집이 더 멉니다.

② 1km를 기준으로 살펴보면 진경이네 집은 1km 더 됩니다. 보라네 집은 (850m로) 1km가 안 됩니다. 진경이네 집이 더 멉니다.

* 수직선으로 나타내어 비교해도 좋다. ①과 ② 중 1가지로 표현하면 된다.

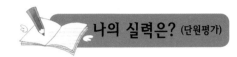

101쪽

1 1칸을 1분(60초)라고 합니다. 먼저 8분을 이동합니다. 다음으로 45초를 더 이동합니다.

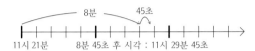

식으로 나타내면 11시 21분+8분 45초=11시 29분 45초입니다. (세로 덧셈식으로 해도 된다.)

시간의 덧셈식 방법은 다음과 같습니다.

① 같은 단위끼리 더합니다.

② 분 단위는 21분+8분=29분 입니다.

③ 초 단위는 0초+45초=45초 입니다.

④ 도경이가 달리기를 마친 시각은 11시 29분 45초 입니다.

2 수직선 위에 나타내어 비교해 봅니다.

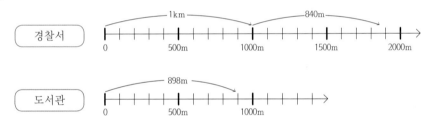

경찰서가 도서관보다 더 멉니다. (또는 도서관이 경찰서보다 더 가깝습니다.)

0보다 더 멀리 있기때문입니다. (또는 경찰서는 1km넘고, 도서관은 1km가 안되기 때문입니다.)

1km=1000m ① 경찰서는 1km 840m=1840m이고, 도서관은 898m입니다. 두 수를 비교하면 1840이 898보다 큽니다. 경찰서가 더 멉니다. ② 같은 단위끼리 비교합니다. km단위를 비교하면, 경찰서는 1km이고, 도서관은 0km입니다. 경찰서가 더 멉니다. (또는 도서관이 경찰서보다 더 가깝습니다.)

6. 분수와 소수

첫걸음 가볍게!

1

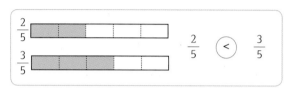

$$\frac{2}{5} \;\;<\;\; \frac{3}{5}$$

③ 더 큰   ④ 밀가루

2   ① 2, ② 3, ③ 더 적습니다. ④ 큽니다.

3   분자

4   1) 더 긴 것이 큽니다. 2) 더 큽니다. 3) 큰 수가 4) 튀김

한 걸음 두 걸음!

1

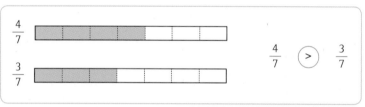

$$\frac{4}{7} \;\;>\;\; \frac{3}{7}$$

1) 분자가 더 큰 분수가 더 큽니다.   2) 더 많은 띠골판지를 사용했다는 뜻입니다.

2   1) $\frac{1}{7}$이 4개입니다.   2) $\frac{1}{7}$이 3개입니다.   3) 더 많은 분수가 더 큽니다.

3   분모, 분자가 크면 더 큽니다.

4   화분을 만드는 데

도전! 서술형!

1

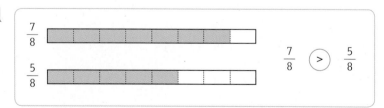

$$\frac{7}{8} \;\;>\;\; \frac{5}{8}$$

1) 분자가 더 큰 분수가 더 큽니다.   2) 더 많이 사용했다는 뜻입니다.

2 1) $\frac{7}{8}$은 $\frac{1}{8}$이 7개입니다.   2) $\frac{5}{8}$는 $\frac{1}{8}$이 5개입니다.   3) $\frac{7}{8}$이 $\frac{5}{8}$보다 $\frac{1}{8}$이 더 많습니다. ($\frac{1}{8}$이 7개는 $\frac{1}{8}$이 5개보다 더 많습니다.)

4) $\frac{1}{8}$이 더 많은 분수가 더 큽니다.

3 분모, 분자가 더 큰 분수가 큽니다.

108쪽 **실전! 서술형!**

1 그림을 그려서 알아보면 $\frac{5}{6}$가 더 깁니다. $\frac{5}{6}$가 더 큽니다.

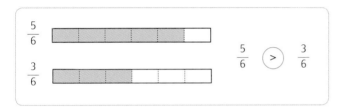

1) $\frac{5}{6}$은 $\frac{1}{6}$이 5개입니다.   2) $\frac{3}{6}$는 $\frac{1}{6}$이 3개입니다.

3) $\frac{5}{6}$이 $\frac{3}{6}$보다 $\frac{1}{6}$이 더 많습니다. ($\frac{1}{6}$이 5개는 $\frac{1}{6}$이 3개보다 더 많습니다.)

4) $\frac{1}{6}$이 더 많은 분수가 더 큽니다.

분모가 같을 때 분자가 더 큰 분수가 큽니다. 진희가 색 테이프를 더 많이 사용했습니다.

2 그림을 그려서 알아보면 $\frac{7}{10}$가 더 깁니다. $\frac{7}{10}$이 더 큽니다.

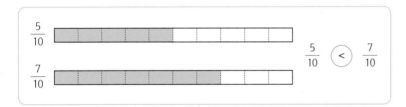

1) $\frac{5}{10}$은 $\frac{1}{10}$이 5개입니다.   2) $\frac{7}{10}$는 $\frac{1}{10}$이 7개입니다.

3) $\frac{5}{10}$이 $\frac{7}{10}$보다 $\frac{1}{10}$이 더 많습니다. ($\frac{1}{10}$이 5개는 $\frac{1}{10}$이 7개보다 더 적습니다.)

4) $\frac{1}{10}$이 더 많은 분수가 더 큽니다.

분모가 같을 때 분자가 더 큰 분수가 큽니다.

연경이가 더 많이 색칠했습니다.

110쪽 **첫걸음 가볍게 !**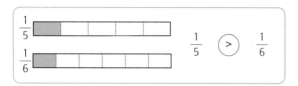

1

$\dfrac{1}{5}$

$\dfrac{1}{6}$

$\dfrac{1}{5}$ (>) $\dfrac{1}{6}$

③ 분모, 더 작은

2 ① 5, 1 ② 6, 1 ③ 더 작습니다. ④ 크면

3 ① $\dfrac{1}{5}$이 더 큽니다. ② 더 작은 분수가 더 큽니다, 더 작습니다.

4 현진

111쪽 **한 걸음 두 걸음!**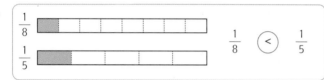

1

$\dfrac{1}{8}$

$\dfrac{1}{5}$

$\dfrac{1}{8}$ (<) $\dfrac{1}{5}$

② 분모가 더 작은 분수가 더 큽니다.

2 ① 8조각으로 똑같이 나눈 것 중 1개입니다.

② 5조각으로 똑같이 나눈 것 중 1개입니다.

③ 더 작습니다. ④ 분모가 크면 더 많은 조각을 냈다는

3 ① 더 긴 것이 더 큽니다.

② 더 작을수록 더 큽니다, 더 작습니다.

4 명서, 더 많이 읽었습니다.

112쪽 **도전! 서술형!**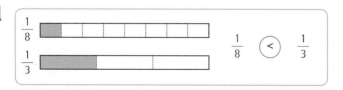

1

$\dfrac{1}{8}$

$\dfrac{1}{3}$

$\dfrac{1}{8}$ (<) $\dfrac{1}{3}$

② 분모가 같을 때 분모가 더 작은 분수가 더 큽니다.

2 ① 8조각으로 똑같이 나눈 것 중 1(개)입니다.

② 3조각으로 똑같이 나눈 것 중 1(개)입니다.

③ 하루를(1을) 8조각으로 똑같이 나눈 것과 3조각으로 똑같이 나눈 것 중 8조각으로 나눈 것이 더 작습니다.

④ 더 많은 조각을 냈다는 뜻입니다.

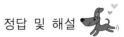

3 ① 그림으로 그려서 크기를 비교하면 더 긴 것이 더 큽니다.

② 분자가 1인 단위분수는 분모가 더 작은 분수가 더 큽니다. 분모의 수가 크면 더 많은 조각을 냈다는 뜻이므로 크기는 더 작습니다.

4 잠자는 활동

113쪽 **실전! 서술형!**

1

분모가 같을 때 분모가 더 작은 분수가 더 큽니다. 그림으로 그려서 크기를 비교하면 더 긴 것이 더 큽니다. $\frac{1}{2}$이 더 큽니다.

조각의 수로 비교하면, $\frac{1}{2}$은 1개를 2조각으로 똑같이 나눈 것 중 1개입니다. $\frac{1}{4}$은 1개를 4조각으로 똑같이 나눈 것 중 1개입니다.

1개를 2조각으로 똑같이 나눈 것과 4조각으로 똑같이 나눈 것 중 2조각으로 똑같이 나눈 것이 더 큽니다. (또는 4조각으로 똑같이 나눈 것이 더 작습니다.)

그림을 그린 종이가 더 큽니다.

2

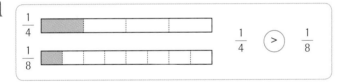

분모가 같을 때 분모가 더 작은 분수가 더 큽니다. 그림으로 그려서 크기를 비교하면 더 긴 것이 더 큽니다. $\frac{1}{4}$이 더 큽니다.

조각의 수로 비교하면, $\frac{1}{4}$은 1개를 4조각으로 똑같이 나눈 것 중 1개입니다. $\frac{1}{8}$은 1개를 8조각으로 똑같이 나눈 것 중 1개입니다.

1개를 4조각으로 똑같이 나눈 것과 8조각으로 똑같이 나눈 것 중 4조각으로 똑같이 나눈 것이 더 큽니다. (또는 8조각으로 똑같이 나눈 것이 더 작습니다.)

명지가 더 많이 먹었습니다.

115쪽 **첫걸음 가볍게!**

1 13 　　**2** 1.3m 　　**3** 9 　　**4** 0.9 　　**5** 더 큽니다.

6 ① 더 많은 것이 더 큽니다. ② 13, 9, 파란색 끈, 0.9, 1.3 (빨간색 끈, 파란색 끈)

116쪽 　**한 걸음 두 걸음!** 　

1　0.1m가 21개입니다.　　**2**　2.1입니다.　　**3**　0.1m가 19개입니다.　　**4**　1.9입니다.

5　0.1이 몇 개인지 비교하여 더 많은 것이 더 큽니다.

6　먼저 0.1이 몇 개인지 세어봅니다. 0.1의 수가 많은 것이 더 큽니다.

　0.1m가 21개이고, 빨간색 끈은 0.1m가 19로 파란색 끈이 더 깁니다. 2.1이 1.9보다 더 큽니다. 준수가 더 많이 사용했습니다.

117쪽 　**도전! 서술형!** 　

1　파란색 끈은 0.1m가 16개로 1.6입니다.

2　빨간색 끈은 0.1m가 24개로 2.4입니다.

3　먼저 0.1이 몇 개인지 세어봅니다. 0.1의 수가 많은 것이 더 큽니다.

　파란색 끈은 0.1m가 16개이고, 빨간색 끈은 0.1m가 24로 빨간색 끈이 더 깁니다. 1.6이 2.4보다 더 작습니다.(2.4가 1.6보다 더 큽니다.)
수민이가 더 많이 사용했습니다.

118쪽 　**실전! 서술형!** 　

파란색 끈은 0.1m가 12개로 1.2이고, 빨간색 끈은 0.1m가 15개로 1.5입니다. 먼저 0.1이 몇 개인지 세어서 0.1의 수가 많은 것이 더 큽니다.
1.2가 1.5보다 작습니다.(1.5가 1.2보다 큽니다.) 가람이가 더 많이 사용했습니다.

2.1은 0.1이 21개이고, 3.4는 0.1이 34개입니다. 3.4가 0.1의 수가 더 많습니다. 3.4가 2.1보다 큽니다. (2.1 > 3.4)

120쪽 　**첫걸음 가볍게!** 　

1　4　　　　　　　　　　**2**　1　　　　**3**　4, 1, 1, 4

4　전체를 똑같이 몇으로 나눈 수, 색칠된 칸의 수　　**5**　4

121쪽 　**한 걸음 두 걸음!** 　

1　6　　　　　　　　　　**2**　2

3　똑같이 6으로 나누고, 그 중 2를 $\frac{2}{6}$ 로 나타냅니다.

4 전체를 똑같이 몇으로 나눈 수가 분모가 되어야 하는데, 전체를 똑같이 몇으로 나눈 수를 분모로 썼습니다.

5 전체를 똑같이 6으로 나누고, 그 중의 2는 $\frac{2}{6}$라고 나타냅니다. 색칠된 부분을 분모로 하고, 색칠되지 않은 부분을 분자로 하면 안 됩니다.

122쪽 **도전! 서술형!**

1 9   **2** 2

3 전체를 똑같이 9로 나누고, 그 중 2를 $\frac{2}{9}$로 나타냅니다.

4 전체를 똑같이 몇으로 나눈 수가 분모가 되어야 하는데, 색칠된 칸의 수를 분모로 썼습니다.

5 전체를 똑같이 9로 나누고, 그 중의 2는 $\frac{2}{9}$라고 나타냅니다. 색칠된 부분을 분모로 하고, 색칠되지 않은 부분을 분자로 하면 안 됩니다.

123쪽 **실전! 서술형!**

1 전체를 똑같이 12로 나누고, 그 중의 2는 $\frac{2}{12}$라고 나타냅니다.

색칠된 부분을 분모로 하고, 색칠되지 않은 부분을 분자로 하면 안 됩니다.

2 전체를 똑같이 5로 나누고, 그 중의 2는 $\frac{2}{5}$라고 나타냅니다. 색칠된 부분을 분모로 하고, 색칠되지 않은 부분을 분자로 하면 안 됩니다.

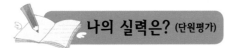 **나의 실력은?** (단원평가)

124쪽

1 그림을 그려서 알아보면 $\frac{5}{8}$가 더 깁니다. $\frac{5}{8}$가 더 큽니다.

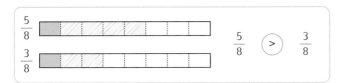

1) 분수는 분자가 더 큰 분수가 더 큽니다.

2) 더 많은 띠골판지를 사용하였다는 것입니다.

3) 인형, 많이 사용하였습니다.

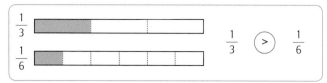

분모가 같을 때 분모가 더 작은 분수가 더 큽니다. 그림으로 그려서 크기를 비교하면 더 긴 것이 더 큽니다. $\frac{1}{3}$이 더 큽니다.

조각의 수로 비교하면, $\frac{1}{3}$은 1개를 3조각으로 똑같이 나눈 것 중 1개입니다. $\frac{1}{6}$은 1개를 6조각으로 똑같이 나눈 것 중 1개입니다.

1개를 3조각으로 똑같이 나눈 것과 6조각으로 똑같이 나눈 것 중 3조각으로 똑같이 나눈 것이 더 큽니다. (또는 6조각으로 똑같이 나눈 것이 더 작습니다.)

그림을 그린 종이가 더 큽니다.

3   1.9는 0.1이 19개이고, 3.5는 0.1이 35개입니다. 0.1이 더 많은 것이 더 큽니다. 3.5가 더 큽니다.

4   전체를 똑같이 9로 나누고, 그 중의 4는 $\frac{4}{9}$라고 나타냅니다. 색칠된 부분을 분모로 하고, 색칠되지 않은 부분을 분자로 하면 안 됩니다.

저자약력

김진호

미국 컬럼비아대학교 사범대학 수학교육과
교육학박사
2007 개정 교육과정 초등수학과 집필
2009 개정 교육과정 초등수학과 집필
한국수학교육학회 학술이사
대구교육대학교 수학교육과 교수
Mathematics education in Korea Vol.1
Mathematics education in Korea Vol.2
구두스토리텔링과 수학교수법
수학교사 지식
영재성계발 종합사고력 영재수학 수준1, 수준2, 수준3,
수준4, 수준5, 수준6

홍선주

대구교육대학교 초등수학교육 석사 졸업
대구수학연구교사
학업성취도평가 문항개발 특별연구교사
공교육정상 운영 점검단
교육과정 전문가 컨설턴트
2009개정교육과정 1-2학년군 교과서 집필위원
2009개정교육과정 5-6학년군 교과서 심의위원
영재성계발 종합사고력 영재수학 수준1
대구동부초등학교 근무

완전타파
과정 중심 서술형 문제 `3학년 1학기`

2017년 2월 5일 1판 1쇄 인쇄
2017년 2월 10일 1판 1쇄 발행

공저자 : 김진호 · 홍선주
발행인 : 한 정 주
발행처 : **교육과학사**

저자와의
협의하에
인지생략

경기도 파주시 광인사길 71
전화(031)955-6956~8/팩스(031)955-6037
Home-page : www.kyoyookbook.co.kr
E-mail : kyoyook@chol.com
등록: 1970년 5월 18일 제2-73호

낙장 · 파본은 교환해 드립니다.
Printed in Korea.

정가 **14,000**원
ISBN 978-89-254-1121-7
ISBN 978-89-254-1119-4(세트)